コンクリート主任技士／コンクリート診断士試験

キーワードを活用した小論文のつくり方 改訂版

京牟禮 実

井上書院

はじめに

　日頃、パソコンで文章作成の作業をしている社会人は、1000 文字程度の小論文を決められた時間内で、手書きで作成することは大変難しく、不得意な人が大半です。

　一方、コンクリート主任技士試験やコンクリート診断士試験およびプレストレストコンクリート技士や施工管理技士試験などの資格試験では、1000 文字程度の小論文を決められた時間内に、手書きで作成しなければなりません。

　この小論文をどうすれば、的確に書けるようになるでしょうか。それには、2 つの準備や演習が必要です。1 つ目は、出題に関連した独自のキーワード集の整理と、その暗記作業が必要です。2 つ目として、暗記したキーワードより、読み手を説得させるだけの論を展開した小論文を容易に作成できる技術を身につける必要があります。

　この書籍は、この両方が容易に理解でき、演習できる内容となっています。

　普段、手書きに慣れていない社会人が、この本を読んで演習することにより、出題テーマに適した技術文章を、所定時間内に作成できる技術を身につけることができるようになります。また、この身につけた技術文章作成テクニックは、コンクリート主任技士試験やコンクリート診断士等の小論文対策だけに限らず、日頃の業務やそれらに類する技術文章の作成に今後も役立つでしょう。

　2017 年 5 月

京牟禮　実

改訂にあたり

　本書は、手書きに慣れていない社会人が、出題テーマに適した技術文章を所定時間内に作成できる技術を身につけられるよう願い2017年に刊行しました。その後、コンクリート主任技士試験やコンクリート診断士試験の要領が変更され、また、出題傾向も変化しております。これらの変化に対応できるように加筆訂正を行いました。

　具体的には、

　コンクリート主任技士試験に関しては、小論文の行数指定に対応した記述手順と記述例を追加しました。

　コンクリート診断士試験に関しては、試験時間の変更や問題Aの廃止に伴う記述例の追加と、コンクリート診断士の専門用語キーワードの整理表を追加しました。

などです。

　今後とも、本書を活用されコンクリート主任技士試験やコンクリート診断士試験に合格される一助となれば幸いです。

2020年4月

京牟禮　実

本書のアイコンの説明

　説明内容がコンクリート主任技士試験関連の内容とコンクリート診断士試験関連の内容および共通の内容で、アイコンを下記のように表示しています。また、プレストレストコンクリート技士試験や施工管理技士試験の実地試験等の小論文対策で本書を参考にされる方は、コンクリート主任技士試験とコンクリート診断士試験の両試験に共通した部分をご活用ください。

　：コンクリート主任技士試験に関連した内容

　：コンクリート診断士試験に関連した内容

　：両試験に共通した内容

関連書籍の紹介

コンクリート主任技士試験の記述対策にお勧め書籍

コンクリート技術の要点

公益社団法人 日本コンクリート工学会発行

特徴：コンクリート主任技士に出題されるコンクリート技術の全般を網羅しています。

コンクリート技士・主任技士試験重要キーワード100

日経 BP 社発行　ISBN 978-4-8222-6648-6

特徴：コンクリート主任技士試験に出題される重要キーワードを100語選出し、A4サイズに要点をわかりやすくまとめられています。記述対策の専門用語の整理に役立ちます。

技術士第二次試験建設部門最新キーワード100

日経 BP 社発行　ISBN 978-4-8222-0065-7

特徴：コンクリート主任技士試験の問2のコンクリート業界を取り巻く背景用語の整理に役立ちます。

コンクリート診断士試験の記述対策にお勧め書籍

コンクリート診断技術

公益社団法人 日本コンクリート工学会発行

特徴：コンクリート診断士試験に出題されるコンクリート技術の全般を網羅しています。

コンクリート診断士試験重要キーワード120

日経 BP 社発行　ISBN 978-4-8222-3527-7

特徴：コンクリート診断士試験に出題される重要キーワードを120語選出し、A4サイズに要点をわかりやすくまとめられています。記述対策の専門用語の整理に役立ちます。

目　次

1
コンクリート主任技士試験と
コンクリート診断士試験の
問題傾向と時間配分の要領

1.1 コンクリート主任技士試験の記述問題の傾向

コンクリート主任技士試験の試験方法が 2013 年度より変更され、それまで実施されてきた口述試験はなくなりました。その代わりに、小論文の文字数が 800 字から 1200 字程度と増え、その内容も**与えられた課題について実務経験を踏まえた内容**となっています。

試験方法が変更された以降の出題は、小論文 2 問の形式となっています。そして、それぞれ 500 文字（2015 年度は 450 文字）から 600 文字で記述し、合計 1000 文字から 1200 文字程度の記述が要求されています。また、問 1 は出題テーマに対する業務経験を記述し、経験内容を確認する形式となっています。次に、問 2 でコンクリート分野の課題（今後生じることが懸念される問題・耐久性に関する最新技術・地球環境問題など）に対して、受験者の考えを問う形式となっています。

あわせて、**2017 年以降は、小論文の問 1、問 2 とも、設問項目ごとに記述する行数も指定される傾向にあります。**

問 1 の出題の狙いとしては、受験者がコンクリート主任技士としてふさわしい業務経験を有しているかを確認することにあると思います。そして、現時点で、記述内容に対する再評価ができるかを狙いとしています。

次に、問 2 の出題の狙いとしては、コンクリートを取り巻く背景や問題点および技術や材料の最新動向を把握し、**受験者がコンクリート主任技士の立場として、受験者自身の意見を記述できるか**を狙いとしています。

コンクリート主任技士の立場とは、コンクリートの製造・施工・配(調)合設計・試験・検査・管理および設計などに対して、研究および指導などを実施する能力のある高度の技術をもった立場の技術者で

す。出題テーマに対する一般的な知識の記述に加えて、製造から施工まで助言や指導する立場で記述することが大切です。

コンクリート主任技士試験の記述問題

年度	問1 450字〜600字で記述	問2 450字〜600字で記述
2013	コンクリートに関する業務の主な内容を詳述	コンクリートに関する業務の懸念される問題と対処
2014	コンクリートに関する業務を一つ挙げ、業務名、立場、概要、課題とそれに対する取組みと評価	コンクリート構造物の耐久性に関する最近の技術や情報を一つ取り上げ、その内容と特徴やどのように活用すべきか
2015	コンクリートに関する業務の技術的課題に対応した事例を一つ取り上げ、内容を示す表題、立場、技術的課題と対応策、現時点での再評価	持続可能な社会の実現が全産業の重要課題として提唱されている中、コンクリート分野の現状と課題およびその課題に対して取り組むべきこと
2016	コンクリートに関する業務の中で技術的課題に対応した事例を一つ取り上げ、内容を示す表題、立場、技術的課題の内容と対応策、対応策に対する自身の評価	コンクリートの材料・製造・コンクリート構造物の設計もしくは施工に関する最近の技術的進歩を一つ取り上げ、内容と特徴、どのように活用できるか
2017	従事しているコンクリート技術に関連する業務を取り上げ、立場と業務を表す表題（2行以内）、業務の内容（7〜10行）、業務の中で特に力を入れていること、その方法（8〜12行）	「自然災害」「少子高齢化」「IT（情報技術）」「持続可能な社会の構築」の4つからひとつを選び、選んだテーマ（1行）、選んだテーマに関しての知識および経験、あるいはどちらか一方を具体的に（10〜15行）、選んだテーマに関して今後どう貢献できるかを具体的に（6〜8行）
2018	あなたが経験したコンクリートに関する技術的なトラブルあるいは失敗の事例をひとつ挙げ、技術的なトラブルあるいは失敗の概要（2〜4行）、技術的なトラブルあるいは失敗の原因（8〜10行）、講じた対策とその評価（8〜10行）	「コンクリート分野における環境負荷低減」「コンクリート構造物の耐久性向上」「コンクリート構造物の現場施工の効率化」の3つからひとつを選び、選んだテーマ（1行）、選んだテーマに関する技術知識（10〜15行）、選んだテーマに対して、あなたの考える今後の展望（6〜8行）

| 2019 | あなたが従事している（従事してきた）コンクリート技術に関する業務（以下、業務）を取り上げ、(1)〜(3) の項目について具体的に述べなさい。(1) 業務を表す表題とあなたの立場（2行以内）(2) 業務の内容（7行〜10行）(3) 業務の中で、あなたが特に力を入れていること（入れていたこと）とその理由（9〜12行） | 次の①〜④のテーマの中からいずれかひとつを選択し、(1) に選択したテーマ番号を記入し、(2)、(3) の項目について具体的に述べなさい。①コンクリート製造における「品質の確保」と「省力化・効率化」の両立 ②コンクリート製造における「品質の安定」と「環境負荷低減」の両立 ③コンクリート構造物における「耐久性向上」と「環境負荷低減」の両立 ④コンクリート構造物における「現場施工の効率化」と「品質確保」の両立 (1) 選択したテーマ番号（1行） (2) 選択したテーマに関する技術的な課題（6〜8行） (3) 技術的な課題に対して、あなたが考える解決策と展望(11〜15行) |

1.2 コンクリート診断士試験の記述問題の傾向

　コンクリート診断士試験は 2001 年より実施されています。そして、2011 年から現行の 40 問の四肢択一式問題と、1000 字程度の記述式 2 問が出題されていました。しかし、**2019 年より従来の記述式問題 A がなくなり、試験時間も 3.5 時間から 3 時間に短縮されています。**

　従来の記述式問題 B は、建築系（問題Ⅰ）と土木系（問題Ⅱ）の問題から選択する形式となっています。出題内容は、コンクリート構造物の写真や図表から劣化に関して推測する問題となっており、2 から 3 問の問いに答える形式の問題が出題されています。

　出題の狙いとして、コンクリート構造物を診断する対応能力を評価する内容となっています。そこで、アルカリシリカ反応や塩害および凍害などの構造物の劣化事例や補修方法を整理しておく必要があります。

コンクリート診断士試験の記述問題

年度	問題A	問題B	
		建築関連	土木関連
	必須、1000字以内で記述	いずれか1題を選択、1000字以内で記述	
2012	環境負荷を低減するための取組み、社会情勢の変化（少子高齢化や不況および自然災害）を踏まえた技術開発	鉄筋コンクリート造3階建て校舎（1970年竣工、関東地方の温暖な内陸部）。想定されるひび割れの発生原因、必要な調査と対策	道路橋の橋台部（ポストテンション方式PC単純桁橋、竣工後35年が経過、北陸地方）。変状原因の推定、必要な調査と対策
2013	構造物の安全性と不具合事象の原因と背景、維持管理に必要な技術的対策と課題	鉄筋コンクリート造オフィスビル（築25年経過、海成粘土とれき層からなる地中）。変状原因の推定、必要な調査、対策と維持管理計画	鋼橋の鉄筋コンクリート床版（供用後38年が経過、中部地方内陸部）。再劣化原因の推定と必要な調査、対策
			鉄筋コンクリートラーメン高架橋（消防への通報から鎮火まで約1時間程度の火災）。火害程度の推定と必要な調査、対策
2014	構造物の高齢化や長寿命化に対して診断士に必要な技術力や心構え	鉄筋コンクリート造の校舎（築40年、関東地方の内陸部）。変状原因の推定、必要な調査と対策	PC桁橋（供用開始後25年が経過、中部地方内陸部）。変状原因の推定、必要な調査と対策
2015	診断における技術者倫理や対応および診断士としての自己研鑽や人材育成	地下1階、地上2階の鉄筋コンクリート造の実験施設（築40年、関東地方内陸部）。劣化の状況が部位ごとに異なる理由、劣化の進行予測と維持管理計画	PC3径間連続箱桁橋（建設後40年が経過、北陸地方の道路橋）。変状原因と原因特定のための調査項目、性能評価と対策
2016	メンテナンス産業における社会的信頼への取組みと今後の技術開発、求められる技術力と心構え	鉄筋コンクリート造4階建て集合住宅（温暖な海岸地区に立地、築15年）。変状原因の推定、当面の対策と必要な調査、維持管理計画	幹線道路のトンネル（建設後25年が経過）。道路トンネルの点検・診断における留意点、変状原因と健全性診断のための調査、対策
2017	公共施設の被災後の使用性と復旧性について、平時の維持管理計画のあり方と求められる技術力と心構え	鉄筋コンクリート造煙突（関東地方の内陸部に立地、1987年に建設）変状原因の推定、必要な調査、対策と維持管理計画	PC箱桁橋（建設後30年が経過、中国地方内陸部の道路橋）変状原因と原因特定のための調査項目、対策
2018	データ改ざんや偽装等の不正行為の社会問題について、信頼確保に必要な取組みやあり方	鉄筋コンクリート造6階建て事務所ビル（関東地方の内陸部に立地、築30年）変状原因の推定、必要な調査、対策と維持管理計画	PC単純プレテンションホロー桁橋（1975年に建設、温暖な内陸部に立地）変状原因の推定、原因特定のための調査項目と対策

		問題Ⅰ（建築関連）	問題Ⅱ（土木関連）
2019	廃　　止	ピロティを有する鉄筋コンクリート造公共施設（市役所）（沖縄県　海岸より0.5km離れた市街地、築45年）変状原因の推定と理由、全塩化物イオン量の分布、必要な調査項目、劣化対策と維持管理計画	鋼2径間連続非合成鈑桁橋（1974年に建設、山間部（標高約800m）、寒冷地）劣化進行の原因、維持管理計画の立案に必要な調査項目と調査箇所、橋梁に必要な対策

1.3 コンクリート主任技士試験の時間配分の要領

　例年、コンクリート主任技士試験は毎年 11 月末の日曜日に実施されています。試験形式は、30 問の四肢択一式問題と、450 から 1000 字程度の記述式問題が 2 問あり、試験時間は 3.5 時間となっています。しかし、2018 年より四肢択一式の問題数が 3 問減り 27 問となっています。試験時間は変更なく、3.5 時間となっています。

　この試験時間 3.5 時間（210 分）内で四肢択一式と記述式問題の時間配分が重要となってきます。下記のケースような時間配分が考えられます。

　ケース 1：四肢択一式 2.5 時間（150 分）と記述式 1 時間（60 分）

　ケース 2：四肢択一式 2 時間（120 分）と記述式 1.5 時間（90 分）

　ケース 3：四肢択一式 1.5 時間（90 分）と記述式 2 時間（120 分）

　ケース 4：四肢択一式 1.5 時間（90 分）と記述式 1.5 時間（90 分）、
　　　　　　全体の見直しと確認に 0.5 時間（30 分）

　ケース 1 の四肢択一式が 2 時間（120 分）を超える時間配分では、記述式が 1.5 時間（90 分間）未満となり合格レベルの小論文の作成は困難と考えられます。

　よく「書くだけは書いた」または、「埋めるだけは埋めた」との不合

択一式 27 問と記述式問題の 3 時間半の時間配分

経過時間	30分	60分 （1時間）	90分	120分 （2時間）	150分	180分 （3時間）	210分
時間	30分	30分	30分	30分	30分	30分	30分
ケース1	四肢択一式 2.5 時間（150 分間）平均 5.5 分/問					記述式 1 時間（60 分間）	
ケース2	四肢択一式 2 時間（120 分間）平均 4.4 分/問				記述式 1.5 時間（90 分間）		
ケース3	四肢択一式 1.5 時間（90 分間）平均 3.3 分/問			記述式 2 時間（120 分間）			
ケース4	四肢択一式 1.5 時間（90 分間）平均 3.3 分/問			記述式 1.5 時間（90 分間）			全体の見直し

格者の感想が聞かれるタイプです。

　記述式の問題を合格レベルの小論文に仕上げるには、しっかりした段落構成の検討と下書きおよび清書の時間を合わせて最低でも 90 分は必要でしょう。

　この場合、ケース 2 から 4 が考えられます。ケース 2 の記述式問題 1000 文字程度を 90 分で作成できるようにするのが理想です。しかし、記述式が苦手な場合は、ケース 3 ように記述式に 2 時間（120 分）かけると、択一を解答する時間が 90 分間で、1 問平均 3 分しかありません。

　そこで、お勧めなのがケース 4 です。四肢択一式の問題を 90 分程度で解答し、記述式を同じく 90 分間程度で作成できるように努力しましょう。そして、残りの 30 分間で、四肢択一式の問題の見直し（ケアレスミスの防止）と記述式文章の推敲作業にあてましょう。

　いずれにしても、四肢択一式の問題を 90 分間で解答するには、1 問平均 3 分以内で解答できるよう努力する必要があります。また、記述式も四肢択一式の問題の時間と同じ 90 分間程度で、段落構成の検討や下書きと、その小論文の清書ができるよう努力しなければなりません。

1.4 コンクリート診断士試験の時間配分の要領

　例年、コンクリート診断士試験は毎年7月下旬の日曜日に実施されています。試験形式は、40問の四肢択一式問題と、1000字程度の記述式問題が2問あり、試験時間は3.5時間となっていました。しかし、**2019年より従来の記述式問題Aがなくなり、試験時間も3.5時間から3時間に短縮されています。**

　この試験時間3時間（180分）内で四肢択一式と記述式問題の時間配分が重要となってきます。下記のような時間配分のケースが考えられます。

　ケース1：四肢択一式2.5時間（150分）と記述式30分

　ケース2：四肢択一式1時間（60分）と記述式2時間（120分）

　ケース3：四肢択一式1.5時間（90分）と記述式1.5時間（90分）

　ケース4：四肢択一式2時間（120分）と記述式1時間（60分）

　ケース5：四肢択一式1.5時間（90分）と記述式1時間（60分）、全体の見直しと確認に0.5時間（30分）

　ケース1の四肢択一式が2時間（150分）を超える時間配分では、記述式が30分未満となり合格レベルの小論文の作成は困難と考えられます。

　よく「書くだけは書いた」または、「埋めるだけは埋めた」との不合格者の感想が聞かれるタイプです。

　記述式の問題を合格レベルの小論文に仕上げるには、しっかりした段落構成の検討と下書きおよび清書の時間を合わせて最低でも60分は必要でしょう。

　小論文が苦手でケース2のように記述式問題1000文字程度を120分要すると四肢択一式40問を60分間に1問平均1.5分以内で解く必

択一式 40 問と記述式問題の時間配分の例

経過時間	30 分	60 分 (1 時間)	90 分	120 分 (2 時間)	150 分	180 分 (3 時間)
時間	30 分	30 分	30 分	30 分	30 分	30 分
ケース 1	四肢択一式 2.5 時間（150 分間）平均 3.7 分/問					記述式 0.5 時間（30 分間）
ケース 2	四肢択一式 1 時間（60 分間） 平均 1.5 分/問		記述式 2 時間（120 分間）			
ケース 3	四肢択一式 1.5 時間（90 分間） 平均 2.2 分/問		記述式 1.5 時間（90 分間）			
ケース 4	四肢択一式 2 時間（120 分間）平均 3 分/問			記述式 1 時間（60 分間）		
ケース 5	四肢択一式 1.5 時間（90 分間） 平均 2.2 分/問		記述式 1 時間（60 分間）		全体の見直し	

要があり現実的でありません。

　この場合、小論文の記述が不得意な方はケース 3 を、小論文の記述が得意な方は、ケース 4 が考えられます。記述式が苦手な場合は、ケース 3 のように記述式に 1.5 時間（90 分）かけると、択一を解答する時間が 90 分間で、1 問平均 2.2 分しかありません。

　一方、記述式が得意な場合は、ケース 4 のように記述問題を 1 時間（60 分）で記述できれば、択一を解答する時間が 120 分間あり、1 問平均 3 分かけられます。

　お勧めなのがケース 5 です。四肢択一式の問題を 90 分程度で解答し、記述式を 60 分間程度で作成できるように努力しましょう。そして、残りの 30 分間で、四肢択一式の問題の見直し（ケアレスミスの防止）と記述式文章の推敲作業にあてましょう。

　いずれにしても、四肢択一式の問題を 90 分間で解答するには、1 問平均 2.2 分以内で解答できるよう努力する必要があります。

2
コンクリート業務に関する
実務経験のたな卸し

コンクリート主任技士試験の試験方法が 2013 年度より変更され、小論文の課題に実務経験を踏まえた内容を記述するようになりました。この対策として、これまでのコンクリートに関する自身の業務経験を整理しておくことが必要です。コンクリートに関する業務経験を整理する際に、意識したいのが「5W1H」です。『When（いつ）、Where（どこで）、Who（誰に）、What（何を）、Why（なぜ）、How（どのように）』に沿って、経験を整理してみましょう。

2.1 実務経験を時系列に並べてみよう

　コンクリートの技術関係業務に従事した経験を、**最新のものから順に振り返って詳細に思い出し**、年代順に書き出してみましょう。
　コンクリートの技術関係業務とは、レディーミクストコンクリート・コンクリート製品の製造、コンクリートの品質管理・施工管理、コンクリートの設計ならびにコンクリートの試験・研究などです。「5W1H」に沿って、まず、期間（When（いつ））、勤務先名や所属および役職（Where（どこで））を整理しましょう。

　たとえば、

> 2011 年 4 月〜2017 年 3 月：A コンクリート会社/技術品質課・課長
> 2008 年 4 月〜2011 年 3 月：A コンクリート会社/技術品質課・主任
> 2005 年 4 月〜2008 年 3 月：A コンクリート会社/技術品質課・係員

とか

> 2011 年 4 月〜2015 年 3 月：B 建設会社/建設課・工事課長
> 2008 年 4 月〜2011 年 3 月：B 建設会社/建設課・工事主任
> 2005 年 4 月〜2008 年 3 月：B 建設会社/建設課・工事係員

などがあげられるでしょう。

2.2 実務経験を技術要素で整理してみよう

　次に、前項にあげた期間内に経験したおもな職務内容を「専門領域」や「要素技術（スキル）」ごとに振り返って、工事名称や規模など（Who（誰に））、業務の内容（What（何を））、業務の成果（Why（なぜ））、工夫した点（How（どのように））を追加していきます。このとき、経験した期間は短くても、業務内容が記述内容にふさわしいものも記述していきます。たとえば、1日だけのコンクリート構造物のひび割れのクレーム対応とか、現場事務所でのコンクリート打設計画の相談でもかまいません。

　たとえば、

2011年4月～2017年3月：Aコンクリート会社/技術品質課・課長
　＊＊建設/＊＊＊ショッピングセンター工事：コンクリートの受入
　　検査：会社で納入事例が少ない鋼管コンクリート（CFT構造）
　　用のコンクリート：事前実験による充填性の確認
　＊＊建設/＊＊＊橋脚工事：コンクリートの製造納入：打設後のひ
　　び割れ発生の相談：発生現場の確認と発生原因および対策の
　　報告書提出
　＊＊建設/＊＊＊集合住宅工事：コンクリートの製造および受入検
　　査：1日当たり大規模な打設量後のため打設計画や要領の相
　　談：工事業者との緻密な事前の打合せと緻密な配車計画の実
　　施
2008年4月～2011年3月：Aコンクリート会社/技術品質課・主任
2005年4月～2008年3月：Aコンクリート会社/技術品質課・係員

とか

2011 年 4 月～2017 年 3 月：B 建設会社/建設課・工事課長
　＊＊発注/＊＊＊高層集合住宅新築工事：コンクリートの担当：施
　　　工事例の少ない地域での高強度コンクリートの打設：コンク
　　　リート納入工場のプラントの事前確認とコンクリート試験員
　　　への技術研修の実施
　＊＊発注/＊＊＊大規模集会施設新築工事：コンクリートの担当：
　　　急勾配をもつ合成スラブ屋根の打設：硬練りコンクリートへ
　　　の変更による緻密性の向上
2008 年 4 月～2011 年 3 月：B 建設会社/建設課・工事主任
　＊＊発注/＊＊＊大規模集合住宅新築工事：コンクリートの担当：
　　　大量のコンクリート打設：打設計画の緻密な打合せ
2005 年 4 月～2008 年 3 月：B 建設会社/建設課・工事係員
　＊＊発注/＊＊＊集合住宅新築工事：コンクリートの担当：夏場の
　　　コンクリート打設：コールドジョイント対策

2.3 実務経験内容を現時点で評価してみましょう

　あげられた期間内に経験したおもな職務内容に対して、現時点で見直して、今ならどう考えるかを書いてみましょう。自身のコンクリートの技術関係業務に携わった経験をまとめ、それに対する再評価をあらかじめしておくことが大切です。特に現段階での再評価には、反省点や改善点の記述が必要です。そして、コンクリート主任技士にふさわしい自己研鑽をし、つねに成長している姿勢をみせることが大切です。その記入例を示します。

　このような「技術のたな卸し」をあらかじめ整理しておくと、業務体験問題への記述が容易になります。この実務経験整理シートを巻末に用意していますので活用してください。

実務経験整理シートの記入例

在職期間	勤務先名	所属・役職	職務内容 技術的課題や環境問題への対応などの内容	現時点での評価
2011年4月～2017年3月	Aコンクリート会社	技術品質課・課長	B建設/＊＊ショッピングセンター工事：コンクリートの受入検査：会社で納入事例が少ない鋼管コンクリート（CFT構造）用のコンクリート：事前実験による充填性の確認 C建設/＊＊橋脚工事：コンクリートの製造納入：打設後のひび割れ発生の相談：発生現場の確認と発生原因および対策の報告書提出 D建設/＊＊集合住宅工事：コンクリートの製造および受入検査：1日当たり大規模な打設量のため打設計画や要領の相談：工事業者との事前の打合せと綿密な配筋計画の実施 E建設/＊＊ビル工事：コンクリートの製造および受入検査：夏場の大規模な打設量のため、暑中コンクリートの打設計画や要領の相談：工事業者との事前の作業内容の打合せと、綿密な製造・運搬・施工の連携体制の実施	慢性的な熟練技能不足への対応も必要
2008年4月～2011年3月		技術品質課・主任	社内でのスラッジ水の活用の検討：工場内で発生する洗い水や残コンの処理：定期的な試験や連続式濃度測定装置の導入 F建設/フライアッシュを使用した高強度コンクリートの依頼：試し練り試験にて最適な混和剤の添加量を決定 G建設/＊＊ショッピングセンター工事：コンクリートの製造納入：打設後のひび割れ発生の相談：発生現場の確認と発生原因および対策の報告書提出	バッチ式濃度測定装置とのメリット・デメリットの検討が必要
2005年4月～2008年3月		技術品質課・係員	社内での細骨材のみを使用したコンクリートの配合設計：アルカリシリカ反応性の抑制対策として細骨材に砕砂のみに置換した配合の検討：流動性や状態の改善を図る目的でフライアッシュも活用	未燃カーボンを含有したフライアッシュは、AE剤を吸着し空気連行性の低下 未燃カーボンを除去した改質フライアッシュ活用の検討

3
文章の構成と作成のポイント

3.1 文章の種類（作文と小論文の違い）

　作文は、たとえば読書感想文にように印象的だったことや感動したことについて、感想や考えを好きなように、きままに書いていきます。一方、小論文は、**決められたテーマについて**、**提示された文字数で**、**自分の考えを**、**理由や具体例をあげて説明している文章**が小論文です。文章のうまさは必要なく、自分の主張を端的に決められた字数で述べればいいのです。小論文の必要文字数は、一般的に**指定された総文字数の8割以上とする必要があります**。指定された文字数が600字の場合は、480文字以上が、1000文字の場合は、800文字以上の記述が必要となります。

3.2 文章の構成

　日本語の文章は、文章、段落、文、文節、単語の5つの言葉に分けて考えることができます。

　文章とは、言葉の中で最も大きい単位です。論文の最初から最後までの単位が文章です。

　次に、文章中に、書き出しが1段下げて始まっている箇所があります。この1段下げた箇所から次の1段下げた箇所までの1ブロックのことを段落（パラグラフ）といいます。段落は内容的に連結された文の集まりで、文章中に段落があると、読みやすく、要点をつかみやすくなります。

段落の中で句点「。」で区切られているものを$\boxed{文}$といいます。「コンクリートの圧縮強度は、引張強度の約 10 倍である。」が 1 文です。

　この文の意味をできるだけ短く区切った一区切りを、$\boxed{文節}$といいます。「コンクリートの圧縮強度は、引張強度の約 10 倍である。」の文を文節に区切ると、「コンクリートの／圧縮強度は、／引張強度の／約 10 倍である。」となります。

　文節の意味をもつ言葉で、これ以上分解できない最小単位のことを$\boxed{単語}$といいます。たとえば、先ほどの「コンクリートの圧縮強度は、引張強度の約 10 倍である。」という文を単語で区切ってみます。「コンクリート／の／圧縮強度/は、／引張強度／の／約／ 10 倍／である。」

　このように、日本語の文章は、文章、段落、文、文節、単語の 5 つの言葉に分けて考えることができます。次に、この文と段落の作成のポイントを解説します。

3.3 文作成のポイント

(1)　文をできるだけ短く

　文を読み手にわかりやすくするためには、文はできるだけ短く、主語を明確にまとめることが重要です。一文が長いと読み手は意味を理解しにくくなり、言いたいことがわかりにくくなります。1 つの文は、できれば 40 から 60 文字程度で、最大でも 75 文字以内となるよう心がけましょう。また、それより長い文となる場合は、2 つ以上の文に分けて、できるだけ短い文になるように工夫してください。

　たとえば、主語を明確に最大 60 文字程度にした例として

> 水セメント比が 50%の通常のコンクリートに対して、セメントの20%を置換した場合、改質フライアッシュの種類によって差が生じるが、4～8kg/m³の単位水量を低減することができる。

を改善して、

> セメントの20%を改質フライアッシュに置換したコンクリートの単位水量は、改質フライアッシュの種類により差が生じるが低減可能である。その低減量は、通常の水セメント比が 50%の調合の4～8kg/m³程度である。

となります。また、90 文字程度の長い文を 2 つに分けた例として、

> 製造時に混ぜる水分を減らせば強度を高めることができるが、単純に水分を減らすだけでは流動性が落ち、ポンプで圧送して打設する場合には型枠のすみずみまで行き渡りにくくなり、施工が困難になる。

を 2 つの文章に分けて、

> コンクリートは、水セメント比を小さくしただけでは強度は高まるが流動性が低下してしまう。そのため、ポンプで圧送したコンクリートが、型枠のすみずみまで打設しにくくなり、施工が困難になる。

(2) 主語を明確に

　主語は、明確に表現しましょう。技術文章の主語は、「何が」を明確に表現しましょう。たとえば、主語として「コンクリートは、」より「コンクリートの圧縮強度は、」のほうが明確になります。それに対応する述語として、「どうした」や「どうなった」や「どうだった」を正確

に示しましょう。ただ、「私は、」や「われわれは、」などの人称代名詞
は、省略しても意味が通じますので、省略してかまいません。

(3) 句読点の打ち方

　横書きの文の読点はコンマ「, 」、句点はピリオド「. 」が一般的です。
たとえば、「コンクリートの圧縮強度は, 引張強度の約 10 倍である. 」
となります。しかし、手書きの小論文は、日頃使い慣れている読点に
「、」句点に「。」を用いてもかまいません。減点の対象にもなりません
ので、ここでも読点に「、」句点に「。」を用いて解説しています。

　読点は、語句の切れ続きを示す場合に使います。文の主題となる語
句や、接続詞や文のはじめにくる副詞のあとなどに使います。たとえ
ば、「写真は、沿岸部に位置する鉄筋コンクリート構造物である。」や
「しかし、未燃カーボンが混和剤を吸着するため流動性が阻害されて
しまう。」などです。

　その他の読点を用いる例として、**読み誤りを避ける場合があります。**
一気に読めるところには読点を打ちません。自分の好みで打つのでは
なく、あくまでも読む人のために打つよう心がけてください。

　また、2 つの文からできている文の場合は、あいだに打ちます。漢
字で書く言葉が続き、意味がわかりにくい場合にもあいだに打ちます。
たとえば、「昨今地球環境が」は「昨今、地球環境が」とします。また、
「本日日本選手団が」は「本日、日本選手団が」とします。

(4) 単位・数値等の記述方法

　単位・数値などは、半角（1 マスに 2 文字）で記述します。また、単
位は SI 単位（国際単位系）を用います。たとえば、N/mm^2、2000、
JASS5、JIS A 5308 などです。

(5) ひらがなが望ましい表記

　ひらがなが望ましい表記もあります。たとえば、「即ち」は「すなわち」、「但し」は「ただし」、「出来る」は「できる」、「為に」は「ために」などの表記です。その他、ひらがな表現が望ましい例として、副詞の「すべて」、「おおよそ」、「なぜ」、「ますます」などがあります。接続詞として、「および」、「または」、「さらに」、「なお」などもあります。

ひらがな表記が望ましい言葉		使用例
即ち	すなわち	すなわち、
但し	ただし	ただし、
出来る	できる	～ができる
分かる・判る	わかる	～がわかる
為に	ために	～のために
全て	すべて	～のすべて
大凡	おおよそ	～のおおよそは、
益々	ますます	ますます～する
及び	および	～および～は、
又は	または	～または～は、
更に	さらに	さらに、～
尚	なお	なお、～
或いは	あるいは	あるいは、～

(6) 助詞の再確認

　格助詞は、おもに名詞について、それがついた語句と文中の他の語句との関係を示します。また、接続助詞は、語句の上下の言葉をつなぐ働きを示します。**これらの格助詞を適切に使うことにより文章の品格があがります。**

　格助詞の用法は、次の４つあります。

① 主語を表わします・・・「が・の」

　　（例）花が咲く。

② 連体修飾語を示します・・・「の」

　　（例）あなたの本

③ 連用修飾語を示します・・・「を・に・へ・で」

　　（例）文字を書く。大阪へ行く。

④ 並立語を示します・・・「と・や・の・に」

　　（例）本とノートを買う。

接続助詞の用法にも4つあります。

① **順接**：前の事柄に対してあとを順当な関係でつなぎます。

　　（例）正直だから、信用がある。

② **逆接**：前の事柄に対して、あとを逆の関係でつなぎます。

　　（例）疲れたけれど、勉強しよう。

③ **並立**：前後を対等につなぎます。

（例）話しながら、見る。

④ **補助**：前後を補助の関係でつなぎます。

（例）とってもがんばっている。

3.4 段落作成のポイント

　文章中に、書き出しが１段下げて始まっている箇所があります。この１段下げた箇所から次の１段下げた箇所までの１ブロックのことを <u>段落</u>（パラグラフ）といいます。段落は内容的に連結された文の集まりで、文章中に段落があると、読みやすく、要点をつかみやすくなります。段落の長さに制限はありませんが、標準的には 200〜300 字程度です。原則として、１文だけでの段落は避けましょう。

(1)　トピックセンテンス

　段落の内容をわかりやすくするために、**段落の最初の文にいいたいこと（主題や結論）を簡潔に書きます**（一般にトピックセンテンスといわれています）。そうすることで、段落のなかで何がいいたいのか、何が重要なのかが読み手に伝わりやすくなります。具体的には、トピックセンテンスが最初にない例として、

> 　アルカリ骨材反応は、アルカリシリカ反応、アルカリ炭酸塩反応、アルカリシリケート反応の３つに分類されている。国内でアルカリ骨材反応といわれているものは、アルカリシリカ反応を指すことが多い。この反応によりコンクリート中のアルカリ分とアルカリ反応性骨材が化学反応を起こし、コンクリートに有害な膨張を生じる。そして、アルカリシリカ反応が進むと、コンクリート構造物には、ひび割れ、ゲ

ルの滲出、目地のずれなどが発生する。

を、最初にトピックセンテンスを書いて、

アルカリ骨材反応とは、コンクリート中のアルカリ分とアルカリ反応性骨材が化学反応を起こし、コンクリートに有害な膨張を生じる現象である。アルカリ骨材反応は、アルカリシリカ反応、アルカリ炭酸塩反応、アルカリシリケート反応の３つに分類されている。国内でアルカリ骨材反応といわれているものは、アルカリシリカ反応を指すことが多い。この反応が進むと、コンクリート構造物には、ひび割れ、ゲルの滲出、目地のずれなどが生じる。

や、同じくトピックセンテンスが最初にない例として、

鉄筋コンクリート構造物の開口部のある外壁は、開口部の縁、特に隅角部にひび割れが入っていることが多く見受けられる。この開口部周辺は、ひび割れの発生しやすい箇所で、外壁からの漏水は、打継ぎ、開口部周辺と並んで、この開口部の縁のひび割れが大きな原因となっている。

を、同様に最初にトピックセンテンスを書いて、

鉄筋コンクリート構造物の外壁の開口部周辺は、ひび割れが発生しやすい箇所である。開口部のある外壁は、開口部の縁、特に隅角部にひび割れが入っていることが多く見受けられる。外壁からの漏水は、打継ぎ、開口部周辺と並んで、この開口部の縁のひび割れが大きな原因となっている。

のように、段落の最初に段落でいいたいことをずばり書くと、その段落の内容が読み手に伝わりやすくなります。

(2)　接続詞の再確認

　段落（パラグラフ）のつなぎには、適切な接続詞が必要となります。接続詞には、次のような種類があります。

①　**順接**：前の事柄と後の事柄が、順当な原因や結果となっていることを示すときに用います。

　　事例として「そこで」「だから」「すると」「ゆえに」「したがって」

②　**逆接**：前の事柄と後の事柄が、反対の内容になっていることを示すときに用います。

　　事例として「しかし」「ところが」「だが」「けれども」

③　**並立・累加**：前の事柄と後の事柄を対等な関係で並べたり、前の事柄につけ加えたりするときに用います。

　　事例として「そして」「および」「また」「それに」「ならびに」「なお」「しかも」「そのうえ」

④　**選択・対比**：前の事柄と後の事柄を並べたり、どちらかを選んだりするときに用います。

　　事例として「または」「あるいは」「それとも」「もしくは」

⑤　**説明・補足**：前の事柄についての説明や補いなどを後に述べるときに用います。

　　　事例として「たとえば」「つまり」「ただし」「なぜなら」「いわば」

⑥　**転換**：話題を変えるときに用います。

　　　事例として「ところで」「さて」「では」「ときに」「次に」

　ついつい自分の好きな接続詞を多用しがちですが、正しく使い分けましょう。また、近い文の間で同じ接続詞を繰り返すより、同様の意味をもつ他の接続詞を使い分けると、印象がいい文章となります。たとえば、並立・累加の接続詞である「そして」を
　　「・・・・。そして、・・・・。そして、・・・・。」
と「そして」を繰り返した文書より、同じ並立・累加の接続詞である「また」を用いて
　　「・・・・。そして、・・・・。また、・・・・。」
としたほうが、印象のよい文章となります。

接続詞の種類	例			
順接	そこで	だから	すると	ゆえに
	したがって			ただし
逆接	しかし	ところが	だが	けれども
並立・累加	そして	および	また	それに
	ならびに	なお	しかも	そのうえ
選択・対比	または	あるいは	それとも	もしくは
説明・補足	たとえば	つまり	ただし	なぜなら
	いわば			
転換	ところで	さて	では	ときに
	次に			

4
重要キーワードの整理方法

決められた時間内で、合格レベルの小論文を仕上げるには、**出題されたテーマについて、適切（重要な）なキーワードを必ず文章中に含める必要があります**。このキーワードを思い出せないと、小論文を仕上げる技術は身についても合格レベルの内容を記述することはできません。この技術的なキーワードをやみくもに暗記しても、小論文作成時に思い出すことは困難です。

　また、2013 年度よりコンクリート主任技士試験の記述内容が変更され、実務経験を踏まえた内容を記述する問題となっています。そのため、出題に関連するキーワードに、あなたの業務に関連するキーワードを加えた独自のキーワード集の体系的な作成と、その暗記が必要です。このキーワードを整理するために専門用語と背景用語の 2 種類のキーワード整理表を作成し暗記します。背景用語は、コンクリートを取り巻く背景や問題点を記述するのに役立ちます。この独自のキーワード集の作成手順と整理例を順に説明します。

4.1 キーワード・キーセンテンスをツリー構造で整理

　キーワードの暗記は、できる限りツリー構造で整理して覚えましょう。**ツリー構造**とは、一般的にデータ構造の一種で、ある階層に属する 1 つのデータから、下位階層に位置する複数のデータが枝分かれした状態で配置されている構造のことです。ここでは、キーワードに対して重要な大項目から中項目、できれば細項目まで整理しておくと、文にするときに役立ちます。

　たとえば、「コンクリートのかぶり厚さ」の機能を整理する際は、大項目として、「耐火性」や「耐久性」および「構造性」の 3 項目があります。「耐火性」に起因する中項目として「水和構造物」であることが

あげられ、細項目として「500℃」程度までが火災時の使用限界の目安とされています。また、「耐久性」は、劣化の要因として「中性化」があり、コンクリート表面より「二酸化炭素（CO$_2$）」が侵入し、炭酸化反応により起こります。最後に、「構造性」には、「鉄筋の付着性能」があります。このように、専門用語のキーワードを暗記する場合は、主要な項目から細項目へと、幹から枝へとなるツリー構造で極力整理し、暗記しましょう。

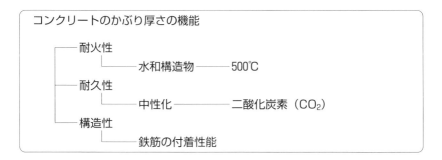

コンクリートのかぶり厚さの機能
- 耐火性
  - 水和構造物 ―― 500℃
- 耐久性
  - 中性化 ―― 二酸化炭素（CO$_2$）
- 構造性
  - 鉄筋の付着性能

4.2 専門用語の整理方法

(1)　コンクリート主任技士の専門用語の整理方法

　専門用語の重要なキーワードは、過去の問題や『コンクリート技術の要点』および『コンクリート技士主任技士試験重要キーワード100』などの関連書籍より抽出します。また、インターネットや専門書より抽出し、付け足しても良いでしょう。各専門用語として重要と思われるキーワードを数回読みながら、黄色のマーカーで重要な箇所にマークしていきます。黄色のマーカーは、白黒コピーした際には映りませんのでお勧めします。緑や赤など濃い色のマーカーは、文字が読みにくくなってしまいます。

　そして、可能な限り重要な大項目から中項目や細項目とツリー構造でまとめましょう。一つのキーワードをまとめる大きさはA4用紙の

半分程度で、A4 用紙に 2 つのキーワードをまとめましょう。専用の用紙は、巻末の活用シートにありますので、1.4 倍に拡大し A4 サイズにして活用してください。

　整理する専門用語数として、以下の最低 25 個程度は必要と思います。

セメントに関する重要専門用語
　　エコセメント
骨材に関する重要専門用語
　　アルカルシリカ反応骨材、再生骨材
混和材料に関する重要専門用語
　　高炉スラグ微粉末、フライアッシュ
硬化コンクリートに関する重要専門用語
　　乾燥収縮、豆板、コールドジョイント、空洞、砂すじ、乾燥収縮
　　ひび割れ、温度ひび割れ、沈下ひび割れ、プラスティック収縮ひ
　　び割れ、浮き・剥離・剥落、エフロレッセンス
配合・設計に関する重要専門用語
　　スラッジ水、アルカリシリカ反応抑制方法
製品に関する重要専門用語
　　プレキャスト化
特殊なコンクリートに関する重要専門用語
　　高強度コンクリート、高流動コンクリート、暑中コンクリート、
　　寒中コンクリート、マスコンクリート

　これらの専門用語を一覧表にまとめていきます。ここでは、フライアッシュを例に整理シートにまとめる手順を説明します。

専門用語のキーワード整理シート

専門用語のキーワード	
概要（一言で表現）	
特徴・メカニズム	
対策・留意点	
他の関連する専門用語	
関連する背景キーワード	
自分の業務との関連性（地域性を含む）	

　まず、専門用語の概要を覚えやすいように一言で表現しましょう。フライアッシュの場合は、「微粉炭を用いる火力発電所で集塵された石炭灰、産業副産物」と簡潔に整理します。

　次に、特徴やメカニズムなどを整理します。特徴として2つあり、ポゾラン活性反応と粒子表面が滑らかな球状である点があげられます。それぞれ、温度上昇の低減やワーカビリティーの改善や単位水量の低減の効果があります。

　続いて対策・留意点を整理していきます。未燃カーボンを含有するため混和剤を吸着してしまう問題や、ポゾラン活性反応による強度発現は穏やかで、初期凍害の可能性があげられます。

専門用語のキーワード	フライアッシュ

概要（一言で表現）

　微粉炭を用いる火力発電所で集塵された石炭灰、産業副産物

特徴・メカニズム

　ポゾラン活性反応——温度上昇の低減

　表面が滑らかな球状——ワーカビリティの改善、単位水量の低減

対策・留意点

　未燃カーボンを含有——AE減水剤吸着——空気連行性の低下

　ポゾラン活性反応による硬化——初期凍害の可能性

他の関連する専門用語

　暑中コンクリート・マスコンクリート・高流動コンクリート

関連する背景キーワード

　構造物の長寿命化、地球温暖化、低炭素社会

自分の業務との関連性

　沖縄は原子力発電所がなく、火力発電所が主力

　沖縄は6月から10月まで（5か月間）暑中コンクリート対策に活用

　また、整理している専門用語に関連するその他の専門用語や、あとで説明する背景用語を列挙します。最後に、整理している専門用語と自分の業務との関連性も整理しておきましょう。これには、自分の勤務している地域性も含みます。

　こうすることによって、整理している専門用語に対する関連性を体系的に把握することができます。そして、出題されたテーマに対して、整理した複数の専門用語から関連性のあるキーワードを部分的に選択することで、適切なキーワードが抽出できるようになります。

同様に、暑中コンクリートをまとめた事例として、

専門用語のキーワード	暑中コンクリート

概要（一言で表現）

　日平均気温の平年値が25℃を超える期間に施工するコンクリート

特徴・メカニズム

　問題点　単位水量が多くなる、スランプロスが顕著
　　　　　コールドジョイントやプラスティック収縮ひび割れ
　留意点　コンクリートの練上がり対策──骨材を直射日光にさらされないように
　　　　　　　　　　　　　　　　　　　──練混ぜ水になるべく低い水温の水の使用（地下水の活用）

対策・留意点

　製造・打込み時の留意点
　　アジテータ車のドラム表面に遮熱塗料・遮熱シートの活用
　　打込み前にコンクリートが接する箇所への散水
　　打込み後の養生剤の塗布によるプラスティック収縮ひび割れの低減

他の関連する専門用語

　フライアッシュ、コールドジョイント

関連する背景キーワード

　地球温暖化、ヒートアイランド現象

自分の業務との関連性（地域性を含む）

　沖縄は日平均気温の平年値が25℃を超える期間が6月から10月までの5か月間もある
　暑中コンクリート対策の調合・施工指導

同様に、高強度コンクリートをまとめた事例として、

専門用語のキーワード	高強度コンクリート

概要（一言で表現）

日本工業規格（JIS A 5308）では呼び強度 50 と 60 のコンクリート、JASS5 は設計基準強度が 36N/mm^{2}を超えるコンクリート

特徴・メカニズム

性質　　フレッシュコンクリート　水セメント比が小──粘性が高く分離しにくい

　　　　　　　　　　　　　　ブリージングがなく、仕上げ作業が困難──プラスティック収縮ひび割れ

　　　　　　　　　　　　　　自己収縮や水和熱が大

　　　耐久性　　緻密な構造──中性化進行速度が遅い

　　　耐火性　　火災時の表面爆裂──有機短繊維の混入

対策・留意点

水和熱低減対策──低熱ポルトランドセメントや中庸熱ポルトランドセメントの活用

高強度化──高性能 AE 減水剤、シリカフュームの使用

製造時──水セメント比が小──細骨材の表面水管理が重要

施工時──粘性が高い──圧送時の圧局損失が大──圧送速度を小さく

他の関連する専門用語

プラスティック収縮ひび割れ、シリカフューム、プレキャスト化

関連する背景キーワード

構造物の長寿命化、プレキャスト化

自分の地域や業務との関連性

高強度コンクリートの大臣認定作業

同様に、プレキャスト化をまとめた事例として、

専門用語のキーワード	プレキャスト化
概要（一言で表現） 　工場で部材を製作し、現場に搬入して組み立てる工法——逆は、場所打ちコンクリート工法	
特徴・メカニズム 　現場作業の省力化——熟練作業員不足への対応 　品質の安定化	
対策・留意点 　現場で施工する部材同士の接合が弱点——接着力の向上——グリーンカット（打継ぎ面の洗い出し作業）	
他の関連する専門用語 　高強度コンクリート	
関連する背景キーワード 　構造物の長寿命化、少子高齢化、熟練工不足	
自分の地域や業務との関連性 　慢性的な鉄筋工・型枠工不足 　高層集合住宅の施工管理	

　同様にして専門用語を巻末の活用シートをコピーしてまとめてください。大変な作業時間でしょうが、自分で一度整理すると、出題されたテーマに対して適切なキーワードが抽出できるようになります。

(2)　コンクリート診断士の専門用語の整理方法

　専門用語の重要なキーワードは、過去の問題や『コンクリート診断技術』および『コンクリート診断士試験重要キーワード 120』などより抽出します。また、インターネットや専門書より抽出し、付け足しても良いでしょう。各専門用語として重要と思われるキーワードを黄色のマーカーでマークしていきます。黄色のマーカーは、白黒コピーした際には映りませんのでお勧めします。緑や赤など濃い色のマーカー

は、文字が読みにくくなってしまいます。

　そして、可能な限り重要な大項目から中項目や細項目とツリー構造でまとめましょう。一つのキーワードをまとめる大きさはA4用紙の半分程度で、A4用紙に2つのキーワードをまとめましょう。専用の用紙は、巻末の活用シートにありますので、1.4倍に拡大しA4サイズにして活用してください。

　整理する専門用語数として、以下の最低50個程度は必要と思います。

変状に関する重要専門用語
　　豆板、コールドジョイント、空洞、砂すじ、収縮ひび割れ、温度ひび割れ、沈下ひび割れ、プラスティック収縮ひび割れ、浮き・剥離・剥落、エフロレッセンス、ポップアウト、スケーリング、変形

劣化に関する重要専門用語
　　中性化、塩害、アルカリシリカ反応、凍害、複合劣化、化学的腐食、疲労、火害、鉄筋腐食、マクロセル腐食、塩分濃縮、凍結防止剤、エトリンガイト

調査に関する重要専門用語
　　目視調査、デジタル画像法、非破壊試験、反発度法、コア試験、変状調査、中性化深さ、中性化速度式、ドリル法、塩化物イオン浸透深さ、ひび割れ調査、空洞調査、電磁誘導法、電磁波レーダー法、自然電位法

分析に関する重要専門用語
　　化学法、モルタルバー法、残存膨張、促進膨張試験、酢酸ウラニル蛍光法

対策に関する重要専門用語
　　潜伏期・進展期・加速期・劣化期、計画供用期間、維持管理、注入工法、充填工法、電気的防食工法、電気化学的補修工法、亜硝酸リチウム含浸工法

これらの専門用語を一覧表にまとめていきます。ここでは、中性化を例に整理シートにまとめる手順を説明します。

専門用語のキーワード整理シート

専門用語のキーワード	
概要（一言で表現）	
特徴・メカニズム・原理	
調査方法	
対策・留意点	
補修・補強方法	
関連する専門用語	

　まず、専門用語の概要を覚えやすいように一言で表現しましょう。中性化の場合は、「大気中の二酸化炭素がコンクリート内に浸入し、炭酸化反応によりアルカリ性を下げる現象」と簡潔に整理します。

　次に、特徴やメカニズムおよび原理などを整理します。劣化過程として２つあります。最初に、鉄筋コンクリート構造物のコンクリート表面より進行し、鋼材位置に達すると不動態被膜を破壊する。次に、これに水と酸素が供給されると鋼材を腐食、体積膨張でコンクリートにひび割れ・剥離が発生するがあげられます。

続いて調査方法を整理していきます。調査方法として、フェノール
フタレイン法や示差熱重量分析およびX線回析があげられます。

専門用語のキーワード	中性化

概要（一言で表現）

　大気中の二酸化炭素がコンクリート内に浸入し、炭酸化反応によりアルカリ性を下げる現象

特徴・メカニズム・原理

　鉄筋コンクリート構造物のコンクリート表面より進行し、鋼材位置に達すると不働態被膜を
破壊する。これに水と酸素が供給されると鋼材を腐食、体積膨張でコンクリートにひび割れ・
剥離が発生

調査方法

　フェノールフタレイン法——赤紫色——pH8〜pH10以上のアルカリ性——中性化なし
　示差熱重量分析
X線回析

対策・留意点

　配合面——水セメント比を小さく——水密性を増加
　設計面——適切なかぶりを確保
　施工面——所定のかぶりを確保する管理（スペーサー）

補修・補強方法

　表面被覆工法（コンクリート表面の被覆）　　再アルカリ化工法
　断面修復工法（中性化部分を除去し修復）　　（中性化したコンクリートの再アルカリ化）

関連する専門用語

　不動態被膜　　複合劣化

同様に、アルカリシリカ反応（ASR）をまとめた事例として、

専門用語のキーワード	アルカリシリカ反応（ASR）

概要（一言で表現）

コンクリート中のアルカリ成分とアルカリ反応性骨材とが反応し、水を吸水して生じるコンクリートの異常膨張現象

特徴・メカニズム・原理

発生条件——①コンクリート中のアルカリ（セメント・内在塩・外来塩）——②骨材中の反応
　　　　　性鉱物——③水の供給——骨材周辺の膨張
表面上に亀甲上のひび割れが発生
鉄筋コンクリート構造物では主筋（PC部材）方向にひび割れが発生

調査方法

①外観調査——ひび割れ分布、ゲルの溶出
②コアによる調査——骨材中の反応性鉱物の調査——偏光顕微鏡
　　　　　　　——残存膨張量——JCI-DD2法
　　　　　　　——酢酸ウラル蛍光法——アルカリシリカゲルの観察

対策・留意点

反応抑制効果のあるセメントの使用（低アルカリ化）——高炉セメント・フライアッシュセメント
コンクリート中のアルカリ総量——3.0kg/m^{3}以下
無害と判定された骨材の使用

補修・補強方法

水の供給を止める
リチウムイオンを主成分とするASR抑制剤を塗布・注入する工法

関連する専門用語

複合劣化
塩害　　　中性化

同様に、塩害をまとめた事例として、

専門用語のキーワード	塩害

概要（一言で表現）

　塩化物イオンによりコンクリート中の鋼材が腐食した膨張圧で、コンクリートにひび割れや剥離または鋼材の力学性能を低減させる現象

特徴・メカニズム・原理

　塩化物イオン——外来塩——海水や凍結防止剤

　　　　　　　　——内在塩——除塩不足の海砂の使用

調査方法

　塩化物イオン量の測定——スライスしたコア片

　　　　　　　　　　——ドリルで削孔した粉

対策・留意点

　配合——水セメント比を小——密実性の増加

　鉄筋——防食鉄筋——エポキシ樹脂塗装鉄筋・ステンレス筋

補修・補強方法

　防錆剤　——亜硝酸リチウムを含浸

　予防保全——表面被覆工法・表面含浸工法　脱塩工法や電気防食工法により補修

関連する専門用語

　塩分濃縮　　フリーデル氏塩　　複合劣化

同様に、塩分濃縮（フリーデル氏塩）をまとめた事例として、

専門用語のキーワード	塩分濃縮（フリーデル氏塩）
概要（一言で表現） コンクリートが中性化することで中性化した部分のフリーデル氏塩が分解し、塩化物イオンが中性化した部分で濃度が高まる現象	
特徴・メカニズム・原理 フリーデル氏塩——コンクリート中で塩素イオンが固定——鉄筋腐食に寄与しない コンクリートが中性化——フリーデル氏塩が分解され塩化物イオンへ 　　　　　　　——中性化部分の塩素イオン濃度の増加——鉄筋位置での塩分濃縮 　　　　　　　　　　　　　　　　　　　　　　　　——鉄筋腐食	
調査方法 塩化物イオン量の測定——スライスしたコア片 中性化深さ測定——フェノールフタレイン法	
対策・留意点	
補修・補強方法 防錆剤　——亜硝酸リチウムを含浸 予防保全——表面被覆工法・表面含浸工法　脱塩工法や電気防食工法により補修	
関連する専門用語 中性化　　塩害　　アルカリシリカ反応（ASR）	

　同様にしてコンクリート診断士に関する専門用語を巻末の活用シートをコピーしてまとめてください。大変な作業時間でしょうが、自分で一度整理すると、出題されたテーマに対して適切なキーワードが抽出できるようになります。

4.3 背景用語の整理方法

　背景用語の重要なキーワードは、コンクリート専門誌や専門の新聞などから抽出します。各記事や論文の「はじめに」の段落にコンクリートを取り巻く背景や問題点が書かれています。また、『技術士第二次試験建設部門重要キーワード100』が背景用語をまとめる資料として適しています。

　整理方法は、専門用語と同様に重要と思われるキーワードを黄色のマーカーでマークしていきます。1つのキーワードをまとめる大きさはA4用紙の半分程度で、A4用紙に2つのキーワードをまとめましょう。

　整理する背景用語数として、以下の最低15個程度は必要と思います。

少子高齢化、ユニバーサルデザイン、コンパクトシティ、社会資本の老朽化、構造物の長寿命化、予防保全、減災、地球温暖化、ヒートアイランド現象、低炭素社会、再生可能エネルギー、建設リサイクル、性能規定、環境負荷低減型コンクリート、ライフサイクルコスト　など

これらの背景用語を以下のような一覧表にまとめていきます。

背景用語のキーワード整理シート

背景用語のキーワード	
テーマの現状・傾向	
今後の視点	
行政の取組・動向・対策	
他の関連する背景用語	
関連する専門用語	
自分の地域や業務との関連性（地域性含む）	

　ここでは、構造物の長寿命化を例に整理シートにまとめる手順を説明します。まず、背景用語の現状や傾向を覚えやすいように短く列挙しましょう。構造物の長寿命化の場合は、「構造物の設計から施工までの段階で工夫し、長期間使用できるようにすること」と簡潔に整理します。

　次に、今後の視点を整理します。既存建物の長寿命化対策として予防保全が重要で適切な点検・診断や補修・補強が必要とされています。また、新設構造物の長寿命化対策としてライフサイクルコスト（LCC）に着目し、事業計画、設計段階から維持管理の考慮をする必要があります。

　続いて行政の取組みや今後の動向や対策などを整理していきます。国の長寿命化対策として長期保障制度を導入した入札・契約制度への

変更する動きも見られます。

　また、整理している背景用語に関連するその他の背景用語や、前に説明した専門用語を列挙します。最後に、整理している専門用語への自分と業務との関連性も整理しておきましょう。これには、自分の業務している地域性も含みます。こうすることによって、出題されたテーマを取り巻く背景や問題点を小論文の作成時に容易に抽出できるようになります。

背景用語のキーワード	構造物の長寿命化
テーマの現状・傾向 　構想物の設計から施工までの段階で工夫し、長期間使用できるようにすること 　ライフサイクルコスト（LCC）の低減も可能――発生抑制（リデュース）	
今後の視点 　既存建物の長寿命化――予防保全――適切な点検・診断や補修・補強 　新設構造物の長寿命化――LCC に着目した事業計画、設計段階からの維持管理の考慮	
行政の取組・動向・対策 　国の長寿命化対策の取組――「長期保障制度」を導入した入札・契約制度の変更へ	
他の関連する背景用語 　低炭素社会、地球温暖化、予防保全	
関連する専門用語 　高強度コンクリート、プレキャスト化	
自分の地域や業務との関連性 　優良な骨材資源の枯渇 　高層集合住宅の施工管理	

同様に、社会資本の老朽化をまとめた事例として、

背景用語のキーワード	社会資本の老朽化
テーマの現状・傾向 　高度経済成長期に大量に建設された社会資本が 50 年程度経過し急速に老朽化 　維持管理や更新費用が投資可能総額を上回るおそれ	
今後の視点 　財政事情が悪化——現状で維持補修に手が回らない自治体も少なくない	
行政の取組・動向・対策 　大規模更新に技術とコストの両面から検討開始	
他の関連する背景用語 　予防保全、構造物の長寿命化	
関連する専門用語 　収縮ひびわれ、コールドジョイント	
自分の地域や業務との関連性 　リニューアル工事の施工管理	

　同様にして 15 個程度を巻末の活用シートをコピーしてまとめてください。大変な作業時間でしょうが、一度整理すると、出題されたテーマを取り巻く背景や問題点となるキーワードを抽出できるようになります。

5
キーワード活用による
文章作成方法

合格レベルの小論文とするには、出題されたテーマについて、決められた文字数で、自分の考えを、なぜそのように考えたのかという理由をあげて説明している文章とすることが必要です。その記述には、適切なキーワードの列挙と、それをもとに小論文に仕上げるテクニックが必要となります。出題されたテーマに関する適切なキーワードの整理方法を4章で解説しました。5章では、適切なキーワードが整理されている前提で、出題されたテーマに対して、自分がいいたいことを読み手に伝わりやすい小論文へ仕上げる手順を解説します。

5.1 出題テーマへの適切なキーワード列挙と段落構成の検討

　コンクリート主任技士試験の記述問題を仕上げる手順を例として解説します。まず、**問題用紙を配布されたら、四肢択一問題を解く前に、記述問題（小論文）の設問内容を確認してください。**それから、四肢択一問題に取りかかると、記述問題（小論文）に対する心の準備ができますのでお勧めします。また、四肢択一問題の内容に記述問題（小論文）に関連する専門用語があれば、漢字も確認できます。

　次に、四肢択一問題を解いた後に記述問題（小論文）に取り組みます。まず、**問題を2回以上読みます。**そして、重要と思われる箇所に鉛筆でアンダーラインや丸く囲むなどします。緊張していると目視だけでは重要な箇所を見落としがちですので、抜けがないように慎重に読み込みます。そして、**出題内容が何を求めているのか**を落ち着いて考えます。

　ここから作成の手順を具体的に説明します。まず、問題用紙の見開きの白紙部分を活用して、小論文の下書きを作成します。図（p.60・61）に示すように、問題用紙の見開きの左側の白紙に段落構成やキー

ワードを列挙し、右側に下書きを作成しましょう。

　その手順は、①に示すように、出題されたテーマを論文として展開するための**段落構成を考えます**。そして、②に示すように、その段落**ごとにテーマに関する重要または必要と考えられるキーワードやキーセンテンスを列挙します**。これらのキーワードやキーセンテンスには、実務経験を踏まえた内容も記述することが必要で、あなたの個性（地域性・職務など）も含まれます。

　キーワードやキーセンテンスは、整理した複数の専門用語や背景用語から関連性のあるキーワードを部分的に選択することで、適切なキーワードが抽出できるようになります。4章で整理した専門用語や背景用語をすべて暗記することが理想です。しかし、すべて暗記していなくても問題ありません。出題テーマに対して必要なキーワードやキーセンテンスを組み合わせて抽出します。

　たとえば、出題テーマを「RC構造物の長寿命化」とした場合、背景用語として、「少子高齢化」や「構造物の長寿命化」から、「熟練工不足」や「技能者不足」「技能者の高齢化」や「ライフサイクルコスト（LCC）」をあげます。また、専門用語として、「高強度コンクリート」や「プレキャスト化」および「高炉スラグ」から必要なキーワードやキーセンテンスを組み合わせて抽出します。

　次に、右側白紙部分を活用して、③に示すように、**書けそうな段落から下書きを始めます**。そのとき、④に示すように、文字の大きさと字間は、できるだけそろえてください。後で、総文字数や段落ごとの文字数の調整に役立ちます。文字は汚くても本人がわかればよく、すばやく記述することを心がけてください。そして、⑤や⑥に示すように、下書きがあらかた終了したら1行の文字数と行数を数え、全体文字数と段落ごとの文字数を算出します。電卓を持込み可能な場合は、電卓を使いましょう。その後に、全体の文字数と段落のバランスを調整し、文字数の足らない段落は文字数を増やし、多い段落は減らしま

す。最後に、⑦や⑧に示すように、解答用紙に清書し、文章の最後は
「以上」とします。

問題用紙の両面見開きの白紙部分を活用します。左側の白紙部分に段落構成や
キーワードを列挙し、右側の白紙部分に、とりかかりやすい段落から下書き文を
書きます。

① 段落の構成と名前を考える。たとえば、「1. はじめに」、
　「2.**の特徴」、「3.**の活用方法」、「4. おわりに」
　のような段落構成

```
1.******
   ***** **
    *****
2.*********
   ****
   *** ***
3.*********
  *** ***
  *****
  *****
4.****
   **** ***
```

② それぞれの段落のキー
　ワードやキーセンテン
　スを列挙する。

④ 文字の大きさと字間は、できるだけそろえてください。
後で、文字数の調整に役立ちます。文字は汚くても本人がわかればよく、
すばやく記述することを心がけてください。

1.＊＊＊＊＊＊
＊＊＊＊＊＊＊＊＊＊＊＊＊＊＊＊
＊＊＊＊＊＊＊＊＊＊＊＊＊＊＊＊
2.＊＊＊＊＊＊＊＊＊
＊＊＊＊＊＊＊＊＊＊＊＊＊＊＊＊
＊＊＊＊＊＊＊＊＊＊＊＊＊＊＊＊
＊＊＊＊＊＊＊＊＊＊＊＊＊＊＊＊
＊＊＊＊＊＊＊＊＊＊＊＊＊＊＊＊
3.＊＊＊＊＊＊＊＊＊
＊＊＊＊＊＊＊＊＊＊＊＊＊＊＊＊
＊＊＊＊＊＊＊＊＊＊＊＊＊＊＊＊
＊＊＊＊＊＊＊＊＊＊＊＊＊＊＊＊
＊＊＊＊＊＊＊＊＊＊＊＊＊＊＊＊
4.＊＊＊＊
＊＊＊＊＊＊＊＊＊＊＊＊＊＊＊＊
＊＊＊＊＊＊＊＊＊＊＊＊＊＊＊＊
以上

③ 書けそうな段落から下書き文を書いていきます。

⑥ 全体の文字数と段落のバランスを調整し、文字数の足らない段落は増やし、多い段落は減らします。

⑦ 文章の最後は「以上」で締めます。

⑧ 最後に、解答用紙に清書します。

⑤ 1行の文字数と行数を数え、全体文字数と段落ごとの文字数を算出します。
電卓を持込み可能な場合は、電卓を使いましょう。

出題例として、「普通ポルトランドセメントの一部をフライアッシュに置換した場合の利点と、留意点およびその対応策を、それぞれ2つ以上あげて、800字程度で記述しなさい」の場合、段落構成として、

はじめに
利点1
利点1の留意点と対策
利点2
利点2の留意点と対策
おわりに

の6段落の構成とします。そして、段落ごとに、キーワードやキーセンテンスを列挙します。

「はじめに」
　・概要：石炭火力発電所で微粉炭を燃焼した際に発生する石炭灰を
　　　　　集塵器で採取した灰のことを──産業副産物
　・東北大震災に伴う福島原子力発電所の事故
　　　　　脱原発に伴う火力発電所のフル稼働

「利点1」
　・形状が球形であり流動性向上によるワーカビリティー改善

「利点1の留意点・対策」
　・多くの海外からの石炭輸入に伴う品質の不安定──未燃カーボン
　　の増加
　・混和材の吸着による流動性の阻害
　・試し練りで適量な混和材量の決定

「利点2」
　・ポゾラン活性反応による長期強度発現

「利点2の留意点・対策」
　・初期強度——初期凍害
　・打設時期と初期養生方法の検討が必要

「おわりに」
　・東北大震災に伴う福島原子力発電所の事故
　・脱原発に伴う火力発電所のフル稼働——ますます産出
　・沖縄県の発電事情
　　・火力発電のみ——この副産物の活用が必要

5.2 取りかかりやすい段落からの下書き

　段落のタイトルとキーワードやキーセンテンスを列挙した右横に、下書きの文章を作成していきます。順番は関係なく、あなたの書きやすい段落からはじめてください。また、下書きでも文字の大きさや字間を同じように下書きすると、全体のボリューム調整のときに文字数の概算ができやすくなります。できれば、段落の内容をわかりやすくするために、段落の最初の文に言いたいこと（主題や結論）を簡潔に書きましょう（一般にトピックセンテンスといわれています）。また、試験時には緊張していますし、手書きにはなれていません。もし、思い出せない漢字があれば、別の表現方法（類語）で書いてください。たとえば、「緻密」は「細密」や「細かい」の表現に、「稼働」は「作動」に、「発生」は「起きる」などの表現があります。どうしても漢字が思い出せなく、類語も思いつかない場合は、ひらがなで表現してもかまいません。

5.3 全体ボリュームの検討

　出題されたテーマについて、提示された字数で、自身の考えを、理由や具体例をあげて説明している文章が小論文です。小論文の字数は、指示された字数の8割以上を記述する必要があります。たとえば、600字で記述することが求められている場合、600文字の8割は480文字以上の記述が求められています。この章のp.55とp.56に2つの記述例を示します。文章が苦手な方や出題テーマに対して記述するボリュームが足らない場合は、記述例1ように段落のタイトルを記述し、1列あけると8割程度の記述が容易になります。

5.4 推　　敲

　推敲（すいこう）とは、文章を何度も練り直すことです。決められた時間での小論文作成時には、この時間はあまりありません。できる限り、誤字がないか、文のわかりやすさや段落のつながり、適切な接続詞などを客観的に見直してみましょう。

5.5 清　　書

　最後に、答案用紙に清書しますが、極力、文字の大きさはそろえましょう。ひらがなやカタカナの文字は、漢字より若干、小さくしたほうが見やすくなります。そして、**最後は、「以上」で締めくくります**。
　キーワードを活用した2つの記述例を紹介します。記述例1は、段落名で改行し、記述例2は、段落ごとに1マス空けて連続して記述した例です。

1. はじめに

　フライアッシュは、石炭火力発電所で微粉炭を燃焼した際に発生する石炭を集塵器で採取した産業副産物である。昨年発生した東北大震災に伴う福島原子力発電所の事故により原子力発電の稼働は全国的に困難な状況が続いている。その結果、火力発電所がフル稼働しており、そのコンクリートへの活用が必要と考える。

2. 利点 1

　フライアッシュの形状が球形で平均粒径が 10μm 程度であり、コンクリートの流動性向上によるワーカビリティーの改善ができる。

3. 利点 1 の留意点・対策

　近年、海外の多くの国からの石炭を輸入しており、産地の変動に伴い品質が不安定となっている。その結果、フライアッシュ中に未燃カーボンが多く含まれる状況となっている。この未燃カーボンが混和剤を吸着するため流動性を阻害することも発生している。その対策として、試し練り時に、適量な混和材量を決定しておく必要がある。

4. 利点 2

　普通ポルトランドセメントの一部をフライアッシュに置換すると、フライアッシュのポゾラン活性反応により長期強度発現が向上する。

5. 利点 2 の留意点・対策

　初期強度発現が遅くなり、寒冷地での冬季のコンクリート打設は、初期凍害が発生する可能性がある。その対策として、打設後のコンクリート温度が下がらないように養生することが必要である。

6. おわりに

　私の勤務する沖縄県は火力発電が主力であり、石炭火力発電所の副産物であるフライアッシュの活用が必要だと考える。沖縄でも、その特長を活かしマスコン対策や暑中コンクリート対策として活用したいと考えている。そのためにも、最新の技術動向を収集し、活用できるよう自己研鑽に努めたい。

以　上

　フライアッシュは、石炭火力発電所で微粉炭を燃焼した際に発生する石炭を集塵器で採取した産業副産物である。昨年発生した東北大震災に伴う福島原子力発電所の事故により原子力発電の稼働は全国的に困難な状況が続いている。その結果、火力発電所がフル稼働しており、そのコンクリートへの活用が必要と考える。

　まず、フライアッシュに置換する利点として、フライアッシュの形状が球形で平均粒径が 10μm 程度であり、コンクリートの流動性向上によるワーカビリティー改善ができることがあげられる。この留意点として、フライアッシュへの未燃カーボンの付着問題がある。近年、海外の多くの国からの石炭を輸入しており、産地の変動に伴い品質が不安定となっている。その結果、フライアッシュ中に未燃カーボンが多く含まれる状況となっている。この未燃カーボンが混和剤を吸着するため流動性を阻害することも発生している。その対策として、試し練り時に、適量な混和材量を決定しておく必要がある。

　次に、フライアッシュに置換する利点として、普通ポルトランドセメントの一部をフライアッシュに置換すると、フライアッシュのポゾラン活性反応により長期強度発現が向上することがあげられる。この留意点として、初期強度発現が遅くなり、寒冷地での冬季のコンクリート打設は、初期凍害が発生する可能性がある。その対策として、打設後のコンクリート温度が下がらないように養生することが必要である。

　最後に、私の勤務する沖縄県は火力発電が主力であり、石炭火力発電所の副産物であるフライアッシュの活用が必要だと考える。マスコン対策や暑中コンクリート対策として活用を図りたい。

以　上

小論文を記述するのが苦手な方は、記述例1の記述方法をお勧めします。段落の内容が読み手にとってわかりやすく、段落間の接続詞も不要で書きやすいと思います。

5.6 自己採点方法

　作成した小論文は、他人に見てもらいましょう。また、自分でも下記の自己採点表を用いて、作成した小論文をチェックしてみましょう。そうすることで、読み手にとってわかりやすい文章技術が身についていきます。図は、自己採点票の例です。巻末の活用シートをコピーしてまとめてください。

　確認する内容は、文章のわかりやすさや1文の文字数、漢字とかなのバランスなどです。また、段落に関しては、書き出しの1マス空けることや、最初の文のトピックセンンテンンス入れることの確認です。また、文章の最後は「以上」で締めます。

採 点 表		氏　名：	
確　認　項　目	採点	自己採点	他人採点
技術内容はさておき、文章の内容はわかりやすいですか？	5		
目標文字数内ですか？（目標文字数の 80%以上）	5		
キーワード・キーセンテスを適切に抽出していますか？	8		
文の長さは適切ですか？（40〜60 文字以内が目安）	7		
各段落の書き出しは、1 段下げていますか？	5		
各段落の最初の文にトピックセンテンスがありますか？	5		
誤字脱字等がありませんか？	3		
漢字・かなの比は適切ですか？	3		
数値や英小文字は、1 マス 2 文字になっていますか？	3		
接続詞、格助詞の使い方は適切ですか？	3		
文章の最後に「以上」がありますか？	3		
合計	50		

5.7 行数を指定された小論文への対応

　コンクリート主任技士試験の記述問題は、2017 年以降は小論文の問 1、問 2 とも設問項目ごとに記述する行数も指定される傾向にあります。これに対応する作成手順を説明します。

　まず、問題用紙を配布されたら、四肢択一問題を解く前に、記述問題（小論文）の設問内容を確認してください。そして、四肢択一問題に取りかかると、記述問題（小論文）に対する心の準備ができますのでお勧めします。また、四肢択一問題の内容に記述問題（小論文）に関連する専門用語があれば、漢字も確認できます。

　次に、四肢択一問題を解いた後に記述問題（小論文）に取り組みます。まず、問題を 2 回以上読みます。そして、重要と思われる箇所に鉛筆でアンダーラインや丸く囲むなどします。緊張していると目視だけでは重要な箇所を見落としがちですので、抜けがないように慎重に読み込みます。そして、**出題内容が何を求めているのか**を落ち着いて考えます。

　ここから作成の手順を具体的に説明します。まず、問題用紙の見開きの白紙部分を活用して、小論文の下書きを作成します。図（p.72・73）のように、問題用紙の見開きの左側の白紙に段落構成やキーワードを列挙し、右側に下書きを作成しましょう。

　その手順は、①に示すように、出題されたテーマを論文として展開するための**段落構成**を考えます。そして、②に示すように、その段落ごとにテーマに関する**重要または必要と考えられるキーワードやキーセンテンス**を列挙します。これらのキーワードやキーセンテンスには、実務経験を踏まえた内容を記述することが必要で、あなたの個性（地域性・職務など）も含まれます。

キーワードやキーセンテンスは、整理した複数の専門用語や背景用語から関連性のあるキーワードを部分的に選択することで適切なキーワードが抽出できるようになります。4章で整理した専門用語や背景用語をすべて暗記することが理想です。しかし、すべて暗記していなくても問題ありません。出題テーマに対して必要なキーワードやキーセンテンスを組み合わせて抽出します。

　たとえば、出題テーマを「RC構造物の長寿命化」とした場合、背景用語として、「少子高齢化」や「構造物の長寿命化」から、「熟練工不足」や「技能者不足」「技能者の高齢化」や「ライフサイクルコスト（LCC）」をあげます。

　また、専門用語として、「高強度コンクリート」や「プレキャスト化」および「高炉スラグ」から必要なキーワードやキーセンテンスを組み合わせて抽出します。

　次に、右側白紙部分を活用して、③に示すように、**書けそうな段落から下書きを始めます。このとき、最初の文にいいたいこと（主題や結論：トピックセンテンス）を簡潔に書きます。**

　次に、④に示すように、文字の大きさと字間は、できるだけそろえてください。後で、総文字数や段落ごとの文字数の検討に役立ちます。文字は汚くても本人がわかればよく、すばやく記述することを心がけてください。

　そして、⑤に示すように、下書きがあらかた終了したら1行の文字数と行数を数え、全体文字数と段落ごとの文字数（行数）を算出します。電卓を持込み可能な場合は、電卓を使いましょう。指定された文字数（行数）になるように文字数の足らない場合、段落は増やし、多い段落は減らし調整します。

　次に⑥に示すように、全体の文字数と段落のバランスを検討し、文字数の足らない段落は文字数を増やし、多い段落は減らします。指定された文字数の8割（600文字の場合480文字）以上の記述が必要で

す。

　最後に、⑦や⑧に示すように、文章の最後は、「以上」として、解答用紙に清書します。

問題用紙の両面見開きの白紙部分を活用します。左側の白紙部分に段落構成や
キーワードを列挙し、右側の白紙部分に、とりかかりやすい段落から下書き文を
書きます。

① 段落の構成と名前を考えます。たとえば、「1. 選択したテーマ」、
「2. **の技術的知識」、「3. **の今後の展望」のような段落構成

<table>
<tr><td>1行</td><td>1. ******</td></tr>
<tr><td>10〜15行</td><td>2. ********
****
*** ***</td></tr>
<tr><td>6〜8行</td><td>3. ********
*** ***
*****
*****</td></tr>
</table>

② それぞれの段落のキー
ワードやキーセンテン
スを列挙します。

1行：25 × 1 = 25 文字
10〜15行：25 × 10〜25 × 15 = 250〜375 文字
6〜8行：25 × 6〜25 × 8 = 150〜200 文字

④　文字の大きさと字間は、できるだけそろえてください。
　　後で、文字数の調整に役立ちます。文字は汚くても本人がわかればよく、
　　すばやく記述することを心がけてください。

1.******
　****************
　****************
2.*********
　***************
　****************
　****************
　****************
3.*********
　***************
　***************
　****************
　****************
　　　　　　　　　以上

③　書けそうな段落から下書き文を書いていきます。このとき、最初の文にいいたいこと（主題や結論：トピックセンテンス）を簡潔に書きます。

⑥　全体の文字数と段落のバランスを検討し、文字数の足らない段落は増やし、多い段落は減らします。指定された文字数の8割（600文字の場合は480文字）以上の記述が必要です。

⑦　文章の最後は「以上」で締めます。

⑧　最後に、解答用紙に清書します。

⑤　1行の文字数と行数を数え、段落ごとの概算の文字数（行数）を算出します。
　　電卓を持込み可能な場合は、電卓を使いましょう。
　　指定された文字数（行数）になるように文字数の足らない段落は増やし、多い段落は減らし調整します。

5.8 問題用紙の白紙が A4 のときの小論文への対応

　コンクリート診断士試験は、問題用紙の白紙部分が両面見開き（A3）がなく、片面（A4）の場合があります。これに対応する作成手順を説明します。

　まず、問題用紙を配布されたら、四肢択一問題を解く前に、記述問題（小論文）の設問内容を確認してください。そして、四肢択一問題に取りかかると、記述問題（小論文）に対する心の準備ができますのでお勧めします。また、四肢択一問題の内容に記述問題（小論文）に関連する専門用語があれば、漢字も確認できます。

　次に、四肢択一問題を解いた後に記述問題（小論文）に取り組みます。まず、問題を 2 回以上読みます。そして、重要と思われる箇所に鉛筆でアンダーラインや丸く囲むなどします。緊張していると目視だけでは重要な箇所を見落としがちですので、抜けがないように慎重に読み込みます。そして、**出題内容が何を求めているのかを落ち着いて考えます**。

　ここから作成の手順を具体的に説明します。まず、問題用紙の片面（A4）の白紙部分を活用して、小論文の下書きを作成します。図（p.76・77）のように、問題用紙の片面（A4）の左端に段落構成やキーワードを列挙し、右側に下書きを作成しましょう。

　その手順は、①に示すように、出題されたテーマを論文として展開するための**段落構成を考えます**。そして、②に示すように、**その段落ごとにテーマに関する重要または必要と考えられるキーワードやキーセンテンスを列挙します**。これらのキーワードやキーセンテンスの抽出には、4 章で整理した専門用語をすべて暗記することが理想です。しかし、すべて暗記していなくても問題ありません。出題テーマに対

して必要なキーワードやキーセンテンスを組み合わせて抽出します。

　次に、白紙部分の右側に③に示すように、**書けそうな段落から下書きを始めます。このとき、最初の文にいいたいこと（主題や結論：トピックセンテンス）を簡潔に書きます。**

　次に、④に示すように、文字の大きさと字間は、できるだけそろえてください。後で、総文字数や段落ごとの文字数の検討に役立ちます。文字は汚くても本人がわかればよく、すばやく記述することを心がけてください。

　そして、⑤に示すように、下書きがあらかた終了したら1行の文字数と行数を数え、全体文字数と段落ごとの文字数（行数）を算出します。電卓を持込み可能な場合は、電卓を使いましょう。指定された文字数（行数）になるように文字数の足らない場合段落は増やし、多い段落は減らし調整します。

　次に⑥に示すように、全体の文字数と段落のバランスを検討し、文字数の足らない段落は文字数を増やし、多い段落は減らします。指定された文字数の8割（1000文字の場合800文字）以上の記述が必要です。

　最後に、⑦や⑧に示すように、文章の最後は、「以上」として、解答用紙に清書します。

問題用紙の白紙部分が両面見開き（A3）がなく片面（A4）の場合、その片面部分を活用します。左側の白紙部分の隅に段落構成やキーワードを列挙し、右側の白紙部分に、とりかかりやすい段落から下書き文を書きます。

① 段落の構成と名前を考えます。
たとえば、「1. 変状の原因と推定理由」、「2. **の理由」、「3. **の調査項目と劣化対策および維持管理計画」のような段落構成

② それぞれの段落のキーワードやキーセンテンスを列挙します。

1.***
　****
　***
　***
2.****
　****
　***
　***
3.****
　***
　***
　*****
　*****

```
1.******
 **************
 **** *********
 ********

2.*******
 **************
 ************
 ************
 ************
 *************

3.*******
 ************
 ************
 ************
 ************
 **********
                    以上
```

④ 文字の大きさと字間は、できるだけそろえてください。後で、文字数の調整に役立ちます。文字は汚くても本人がわかればよく、すばやく記述することを心がけてください。

③ 書けそうな段落から下書き文を書いていきます。このとき、最初の文にいいたいこと（主題や結論：トピックセンテンス）を簡潔に書きます。

⑥ 全体の文字数と段落のバランスを検討し、文字数の足らない段落は増やし、多い段落は減らします。指定された文字数の8割（1000文字の場合は800文字）以上の記述が必要です。

⑦ 文章の最後は「以上」で締めます。

⑧ 最後に、解答用紙に清書します。

⑤ 1行の文字数と行数を数え、段落ごとの概算の文字数（行数）を算出します。電卓を持込み可能な場合は、電卓を使いましょう。指定された文字数（行数）になるように文字数の足らない段落は増やし、多い段落は減らし調整します。

6
記述例・添削例

6.1 コンクリート主任技士試験の体験業務の記述と添削例

問題例

　あなたがこれまでに行ったコンクリートに関する業務のうち、技術的課題に対応した事例を一つ取り上げ、次の(1)～(4)に従って具体的に述べなさい。(2015 年出題)

(1) 内容を示す表題

(2) あなたの立場

(3) 技術的課題の概要とあなたが講じた対応策

(4) 上記の対応策に対する現時点におけるあなた自身の再評価

　この出題例に対し、600 字程度で記述した記述例と添削例を示します。

表題：夏場においてのコンクリート温度上昇を抑制するための取り組みについて述べる。
1.立場
　私は、コンクリート品質管理技術者としてレディーミクスト工場に勤務している。
2.概要と対応策
　沖縄県では、新築住宅の約9割がRC造住宅である。そのためコンクリートの品質が県民の生活環境や財産に大きな影響を与える。また、日中の平均気温が25℃を上回る期間が1年で約半分を占める。従って、暑中コンクリートの取り扱いが大きな課題となる。
3.対策：①セメントサイロを遮熱塗装して日光による温度上昇を防ぐ事で練り上がり温度を抑制する。また骨材ヤードに上屋を設置して直射日光を避ける事や粗骨材に前日散水を行い温度の低い材量を使用する。　②高強度の場合は、高性能AE減水剤の使用や、FA等の混和剤を用いて単位セメント量を低減する。また、スランプロスを低減するために混和剤を遅延形に変更する。　⑤打設計画にできるだけ運搬時間を短くする。また、日中の高温時期を避け、早朝や夜間の打設を検討する。
4.評価
当工場では、設備や材料、運搬において様々な対策を講じる事で暑中コンクリートの主な課題である温度上昇を抑制する事ができたと考える。以上

表題：夏場においてのコンクリート温度上昇を抑制するための取り組みについて述べる。

1. 立場

　私は、コンクリート品質管理技術者としてレディーミクスト工場に勤務している。

2. 概要

　沖縄県では、新築住宅の約９割がRC造住宅である。そのためコンクリートの品質が県民の生活環境や財産に大きな影響を与える。また、日中平均気温が25℃を上回る期間が１年で約半分を占める。よって、暑中コンクリートの取り扱いが大きな課題となる。

3. 対策：セメントサイロを遮熱塗装して日光による温度上昇を防ぐ事で練り上がり温度を抑制する。また、骨材ヤードに上屋を設置し直射日光を避ける事や粗骨材に前日散水を行い温度の低い材料を使用する。②高強度の場合は、高性能AE減水剤の使用や、FA等の混和剤を用いて単位セメント量を低減する。また、スランプロスを低減するために混和剤を遅延形に変更する。③打設計画にできるだけ運搬時間を短くする。また、日中の高温時期を避け、早朝や夜間の打設を検討する。

4. 評価

　当工場では、設備や材料、運搬において様々な対策を講じる事で暑中コンクリートの主な課題である温度上昇を抑制する事ができたと考える。以上

ＯＫです。最後は、「以上」で締めくくります。

「こと」と、ひらがな表記しましょう。

トル　トル　約半年　対策　練り上り　材料

82

表題は、全体の内容を示した体言止の形式としましょう。
たとえば、「沖縄における暑中コンクリート対策」

「したが」と、ひらがな表記しましょう。

「こと」と、ひらがな表記しましょう。

読点「、」が必要です。

１マス空けずに、詰めてください。

表現を変えて、「できるだけ運搬時間を短くするような
打設計画とする。」の方がわかりやすい。

「さまざま」と、ひらがな表記しましょう。

技術的な前向きな反省や向上や研鑽を目差した内容としましょう。
たとえば、「私の勤務する沖縄県は、火力発電が主力である。この石
炭火力発電の副産物であるフライアッシュを暑中コンクリート対策
として活用すべきで、積極的な活用技術と指導方法の研鑽に努めた
い。」
としては。

	5				10				15				20				25

表題：沖縄における暑中コンクリート対策

1.立場

　レディーミクスト工場に勤務し、コンクリート品質管理技術を担当している。

5　2.概要と対応策

　沖縄県の住宅の約9割がRC造住宅である。そのため、コンクリートの品質が県民の生活環境や財産に大きな影響を与える。また、平均気温が25℃を上回る期間が約半年を占める。したがって、暑中コンクリートの対策が大

10　きな課題となる。対策として、使用材料の温度上昇抑制の工夫や施工方法の工夫が考えられる。まず、セメントサイロを遮熱塗装し日光による温度上昇を防ぎ、練上り温度を抑制する。次に、骨材ヤードに上屋を設置し直射日光を避け、粗骨材には前日に散水しておく。混和剤は、

15　スランプロス低減のため遅延形に変更する。高強度コンクリートの場合、高性能AE減水剤の使用や、FA等の混和材料を用い単位セメント量を低減する。打設は、事前に打設手順を調整し、運搬時間を短くする。また、日中の時間帯を避け早朝や夜間の打設も検討する。

20　4.評価

　私の勤務する沖縄県は、火力発電が主力である。当時の対策に加えて、石炭火力発電の副産物であるフライアッシュを暑中コンクリート対策として活用すべきでる。

24　この積極的な活用技術の研鑽や指導に努めたい。以上

記述例 2

```
           5        10        15        20        25
1. 表題
   コンクリートの配合設計
2. 立場
   試験練りにおける配合設計
3. 技術的課題の概要と講じた対応策
   沖縄県では、生コンクリートの材料に使用する細骨材
は、砕砂と海砂をブレンドするのが一般的である。海砂
は、アルカリシリカ反応性を示す物質を有することもあ
る。抑制対策として、細骨材を砕砂のみに置換した配合
を提案した。練り上がりの性状は、硬めでパサついた状
態であったため、流動性や状態の改善を図る目的で混和
材料としてフライアッシュを用いることとした。その結
果、性状及び、流動性は改善されたが、未燃カーボンに
より空気量が低下した。経時変化による性状のロスを考
慮し、運搬時間を６０分に設定した。
4. 対応策に対する現時点での再評価
   有限資材である海砂の使用制限、産業副産物であるフ
ライアッシュの有効活用は環境負荷低減となった。未燃
カーボンを除去した改質フライアッシュを使用すれば、
空気量や性状の改善も見込める。試験練り段階での判断
となるため製造、運搬、施工、耐久性、コスト面など総
合的に見直しを行い、現場配合として再検討する必要が
あると考察する。以上
```

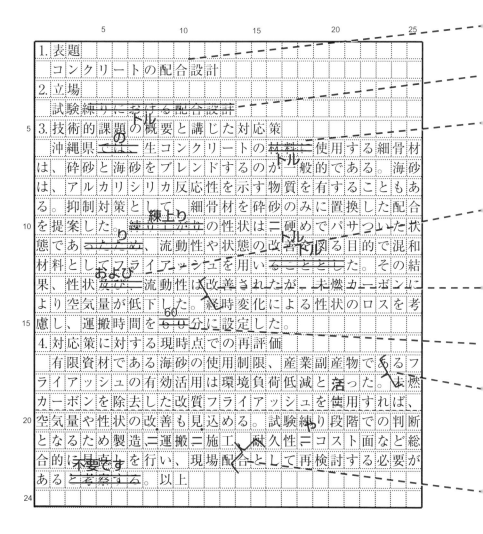

1. 表題
   コンクリートの配合設計
2. 立場
   試験練りに~~関する配合設計~~
3. 技術的課題の概要と講じた対応策
   　沖縄県~~では~~ の生コンクリートの~~材料~~ に使用する細骨材は、砕砂と海砂をブレンドするのが一般的である。海砂は、アルカリシリカ反応性を示す物質を有することもある。抑制対策として、細骨材を砕砂のみに置換した配合を提案した。~~練り上り~~ 練上りの性状は、硬めでパサついた状態であ~~ったら~~ 、流動性や状態の改善を図る目的で混和材料としてフライアッシュを用い~~ることとした~~ 。その結果、性状~~及び~~ および流動性は改善されたが、未燃カーボンにより空気量が低下した。経時変化による性状のロスを考慮し、運搬時間を~~60~~ 分に設定した。
4. 対応策に対する現時点での再評価
   　有限資材である海砂の使用制限、産業副産物であるフライアッシュの有効活用は環境負荷低減と活った。未燃カーボンを除去した改質フライアッシュを使用すれば、空気量や性状の改善も見込める。試験練り段階での判断となるため製造、運搬、施工、耐久性、コスト面など総合的に~~不要です~~ を行い、現場配合として再検討する必要がある~~と考察する~~ 。以上

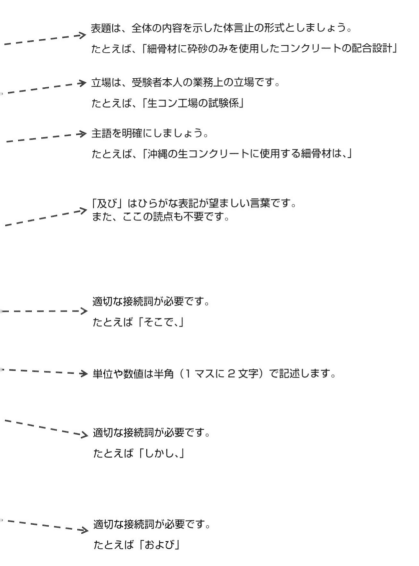

表題は、全体の内容を示した体言止の形式としましょう。
たとえば、「細骨材に砕砂のみを使用したコンクリートの配合設計」

立場は、受験者本人の業務上の立場です。
たとえば、「生コン工場の試験係」

主語を明確にしましょう。
たとえば、「沖縄の生コンクリートに使用する細骨材は、」

「及び」はひらがな表記が望ましい言葉です。
また、ここの読点も不要です。

適切な接続詞が必要です。
たとえば「そこで、」

単位や数値は半角（1マスに2文字）で記述します。

適切な接続詞が必要です。
たとえば「しかし、」

適切な接続詞が必要です。
たとえば「および」

	5				10				15				20				25

1. 表題
　細骨材に砕砂のみを使用したコンクリートの配合設計
2. 立場
　生コン工場の試験練り
3. 技術的課題の概要と講じた対応策
　沖縄県の生コンクリートに使用する細骨材は、砕砂と海砂をブレンドするのが一般的である。しかし、海砂はアルカリシリカ反応性を示す物質を有することもある。この抑制対策として、細骨材を砕砂のみに置換した配合を提案した。練上りの性状は硬めでパサついた状態であり、流動性や状態の改善を図る目的で混和材料としてフライアッシュを用いた。その結果、性状および流動性は改善されたが、未燃カーボンにより空気量が低下した。そこで、経時変化による性状のロスを考慮し、運搬時間を60分に設定した。
4. 対応策に対する現時点での再評価
　有限資材である海砂の使用制限、産業副産物であるフライアッシュの有効活用は環境負荷低減となった。しかし、未燃カーボンを除去した改質フライアッシュを活用すれば、空気量や性状の改善も見込める。試験練り段階での判断となるため、製造・運搬・施工および耐久性やコスト面など総合的に見直して、現場配合として再検討する必要がある。以上

まとめ

1　業務体験は、あらかじめ時系列に並べて技術要素で整理しておりましょう。そして、現時点で評価しておきましょう。

　　参考　2章　コンクリート業務に関する実務経験のたな卸し　p19〜23

2　表題は、全体の内容を示した体言止の形式としましょう。

3　文の漢字とひらがなのバランスを考えましょう。そして、ひらがな表現が望ましい表記に気をつけましょう。

　　参考　3章　3.3 文章作成のポイント（5）ひらがなが望ましい表記　p30

4　文の主語を明確にして、最大 60 文字程度の短い文になるように心がけましょう。

　　参考　3章　3.3 文章作成のポイント（1）文をできるだけ短く　p27

　　　　　　　　　　　　　　　　　（2）主語を明確に　p28

5　単位・数値などは、半角（1 マスに 2 文字）で表記しましょう。

　　参考　3章　3.3 文章作成のポイント（4）単位・数値等の記述方法　p29

6　段落の内容をわかりやすくするために、段落の最初にいいたいことを簡潔に書きましょう。そうすることで、その段落の内容が読み手に伝わりやすくなります。

　　参考　3章　3.4 段落作成のポイント（1）トピックセンテンス　p32〜34

7　文や段落のつなぎには、適切な接続詞を用いましょう。

　　参考　3章　3.4 段落作成のポイント（2）接続詞の再確認　p34

6.2 コンクリート主任技士試験の技術的問題の記述と添削例

問題例1

　暑中コンクリートの①製造時(材料ならびに配(調)合を含む)、②運搬時および③施工時（打込み、養生）の技術的対策を600字程度で記述しなさい。

　なお、①～③のすべての時点について記述することとするが、あなたの得意とする分野を重点的に記述してもよい。

　この出題例に対し、600字程度で記述した記述例と添削例を示します。

	5	10	15	20	25

1. はじめに
　沖縄は6月〜10月の5ヶ月間平均気温25℃超え、コンクリート温度30℃前後となり、コンクリートの性能低下が予想される為、暑中コンクリート対策を記述する。
2. 製造時の対策
　練上り温度を抑制する為に使用材料の温度を下げるのが有効と考え、骨材ヤード、セメントサイロに直射日光を受けないように上屋根を設け、骨材には表面水に注意をしながら散水をする。セメント、混和剤の選定には、低発熱系のセメントを使用すると伴に高性能AE減水遅延剤を使用することでセメント、単位水量の低減となりスランプの保持性能を確保できる。
3. 運搬中および施工時対策
　運搬中にスランプ低下、コールドジョイントの発生が予想される為、施工者との打設会議には、凝結の始発時間、スランプロス、時間当たりの打設数量を確認し、打設開始を外気温の低い早朝及び夜間に行うと伴に、打設後は、急激な水分蒸発を防ぐために、膜養生剤や散水マットで湿潤状態を保つことで収縮ひび割れの発生を防ぐことができると考える。
4. おわりに
　今後、温暖化により厳しい環境でのコンクリートの施工となるが、最新の材料・技術を収集し耐久性の高いコンクリートが製造できるよう努めたい。以上

1. はじめに
　沖縄は6月～10月の5ヶ月間平均気温25℃超え、コンクリート温度30℃前後となり、コンクリートの性能低下が予想されるため、暑中コンクリート対策を記述する。

2. 製造時の対策
　練上り温度を抑制するため、使用材料の温度を下げるのが有効と考え、骨材ヤードとする。また、サイロに直射日光を受けないように上屋を設け、骨材には表面水に注意をしながら散水をする。セメントや混和剤の選定には、低発熱系のセメントを使用するとともに高性能AE減水遅延剤を使用することでセメント、単位水量の低減となりスランプの保持性能を確保できる。

3. 運搬中および施工時対策
　運搬中にスランプ低下、コールドジョイントの発生が予想されるため、施工者との打設会議には、凝結の始発時間、スランプロス、時間当たりの打設数量を確認し、打設開始を外気温の低い早朝および夜間に行うとともに、打設後は、急激な水分蒸発を防ぐために、膜養生剤や散水マットで湿潤状態を保つことで収縮ひび割れの発生を防ぐことができると考える。

4. おわりに
　今後、温暖化により厳しい環境でのコンクリートの施工となるが、最新の材料・技術を収集し耐久性の高いコンクリートが製造できるよう努めたい。以上

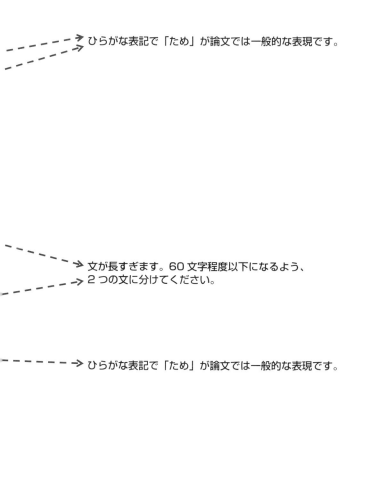

ひらがな表記で「ため」が論文では一般的な表現です。

文が長すぎます。60文字程度以下になるよう、
2つの文に分けてください。

ひらがな表記で「ため」が論文では一般的な表現です。

ＯＫです。最後は、「以上」で締めくくります。

再検討してみます。前述していますが、重要ですので小論文の作成手順を再度確認すると

---

① 段落の構成とそれぞれのキーワードを列挙する。
② 好きな（取りかかりやすい）パラグラフ（段落）の下書き
　　　パラグラフとは文章の節または段落
③ 全体のボリュームの検討
④ 接続詞の検討
⑤ 推敲（わかりやすさ、誤字、段落の繋がり、インパクトがあるか、格調が高いか）
⑥ 清書（最後を「以上」で締めくくる）

これに必要なキーワードの列挙すると

1　はじめに
　沖縄県は6〜10月の5か月間も平均気温が25℃超える
2　製造時の対策
　骨材の直射日光の当たらない対策：骨材の散水冷却
　骨材や混練水の温度確認
　練混ぜ水への地下水の活用
　スランプロス対策として遅延型の混和剤の使用
3　運搬中および施工時対策
　アジテータ車のドラムへの遮熱塗装や遮熱シートの活用
　コールドジョイントやプラスティック収縮ひび割れが発生
　　コールドジョイント対策：綿密な打設手順、荷卸し順序の確認、打
　　　　　設前の型枠への散水
　　プラスティック収縮ひび割れ対策：日射を防ぐUVシート養生や水
　　　　　分蒸発を防ぐ被膜養生剤の塗布

---

4 おわりに
　沖縄県は火力発電が主力
　　この副産物であるフライアッシュの暑中コンクリート対策としての
　　活用

解答例

1. はじめに
　　私の勤務する沖縄県は6～10月の5か月間も平均気温が25℃超え、日射も強く暑中コンクリート対策が重要な地域である。
2. 製造時の対策
　　まず、骨材や混練水の温度管理と冷却の工夫が必要となる。骨材へ直接日光の当たらないよう工夫し、骨材への散水冷却が考えられる。また、練混水に地下水を活用し、混和剤はスランプロス対策として遅延型の混和剤の使用もある。
3. 運搬中および施工時対策
　　運搬中は、アジテータ車のドラムへの射熱塗装や遮熱シートの活用し、直射日光の影響を抑える。次に、施工時にはコールドジョイントやプラスティック収縮ひび割れが生じやすくその対策が必要となる。事前の綿密な打設手順や荷卸し順序を確認し打ち継ぎ時間を短くすることや、打設前の型枠への散水がある。次に、コンクリート表面の急激な温度上昇を抑えるUVシート養生の活用や、急激な水分蒸発を防ぐ被膜養生剤の塗布が必要である。
4. おわりに
　　私の勤務する沖縄県は、火力発電が主力である。この石炭火力発電の副産物であるフライアッシュを暑中コンクリート対策として活用すべきで、積極的な活用技術と指導方法の研鑽に努めたい。以上

問題例2

　コンクリートの製造時、施工時および構造物の供用・維持管理の各時点における水の関与について、それぞれの内容と技術的留意点を述べなさい。ただし、すべての時点において記述することとするが、あなたの得意分野を重点的に記述してもよい。

　この出題例に対し、600字程度で記述した記述例と添削例を示します。

	5				10				15				20				25

1. 製造時
　コンクリート用骨材は、容積の7割を占め、保水・吸水率も大きくなり、コンクリート製造時の性状に影響を及ぼす。技術的留意点として、骨材ヤードに上屋を設置するなど、適切な骨材表面水の管理を行う。また設計時には、粒度が適正であり、粒径がよく、実積率が大きい骨材を選定することは単位水量低減となる。高性能減水剤を用いれば、更に減水効果も期待できる。骨材の表面水が不足すると単位水量が骨材に吸水されることもあるので注意が必要である。

2. 施工時
　製造されたコンクリートへ水分の混入、また蒸発は避けなければならい。技術的留意点として、アジテータ車やポンプ車に雨水カバーを施し、混入を防ぎ、いかなる場合でも加水は厳禁である。暑中期には、ドラムや配管にカバーを施し、コンクリート温度の上昇による蒸発を防ぐ。打設箇所は散水を行うとともに、直射日光が当らないような工夫も必要である。打設後は適切な湿潤、強度増進、水密化により対凍害抵抗養生を行えば性能も高まる。

3. 構造物の供用・維持管理
　供用後は、定期的な維持管理を行い、防水塗装、モルタル注入など外部からの劣化因子の侵入を防ぐことは構造物の長寿命化に繋がる。以上

添削例

1. 製造時

コンクリート用骨材は、容積の7割を占め、保水・吸水率も大きくなり、コンクリート製造時の性状に影響を及ぼす。技術的留意点として、骨材ヤードに上屋を設置するなど、適切な骨材表面水の管理を行う。また設計時には、粒度が適正であり、粒径がよく、実積率が大きい骨材を選定することは単位水量低減となる。高性能減水剤を用いれば、更に減水効果も期待できる。骨材の表面水が不足すると単位水量が骨材に吸水されることもあるので注意が必要である。

2. 施工時

製造されたコンクリートへ水分の混入、また蒸発は避けなければならい。技術的留意点として、アジテータ車やポンプ車に雨水カバーを施し、混入を防ぎ、いかなる場合でも加水は厳禁である。暑中期には、ドラムや配管にカバーを施し、コンクリート温度の上昇による蒸発を防ぐ。打設箇所は散水を行うとともに、直射日光が当たらないような工夫も必要である。打設後は適切な湿潤も必要である。強度増進、水密化により対凍害抵抗養生を行えば性能も高まる。

3. 構造物の供用・維持管理

供用後は定期的な維持管理を行い、防水塗装、モルタル注入など外部からの劣化因子の侵入を防ぐことが構造物の長寿命化に繋がる。以上

98

技術文章は、各段落の最初の文で重要なことを最初に述べる（トピックセンテンス）と、その段落の内容が読み手に伝わりやすくなります。

たとえば、「製造時には、コンクリート強度や耐久性に大きく影響する水セメント比の適切な管理が重要である。」

1文が長すぎます。最大でも75文字以内となるように心がけましょう。

技術文章は、各段落の最初の文で重要なことを最初に述べる（トピックセンテンス）と、その段落の内容が読み手に伝わりやすくなります。

たとえば、「コンクリート構造物の内部への雨水の浸入が、鉄筋の腐食やアルカリシリカ反応などを促進する。」

トピックセンテンス（赤文字）を各段落の最初にもってきた例として、

解答例

1. はじめに
　コンクリートへの水の関与は、耐久性の確保において最も重要な要素のひとつである。構造物の長寿命化を図る上で、各工程における水の関わりについて記述する。
2. 製造時
　コンクリート用骨材は、容積の7割を占めコンクリート製造時の性状に影響を及ぼす。留意点として、骨材ヤードへの上屋の設置や、適切な骨材表面水の管理を行う。また、設計時には、粒度が適正であり、粒径がよく、実積率が大きい骨材を選定することは単位水量低減となる。高性能減水剤を用いれば、より減水効果も期待できる。
3. 施工時
　製造されたコンクリートへの水分の混入や蒸発は避けなければならい。留意点として、アジテータ車やポンプ車に雨水カバーを施し、混入を防ぐ。また、暑中期には、ドラムや配管にカバーを施し、コンクリート温度上昇による蒸発を防ぐ。打設箇所は散水を行うとともに、直射日光が当たらないような工夫も必要である。打設後は適切な湿潤養生も必要である。
4. 構造物の供用・維持管理
　コンクリート構造物の内部への雨水の浸入が、鉄筋の腐食やアルカリシリカ反応などを促進する。供用後は、定期的な維持管理を行い、外部からの劣化因子の侵入を防ぐことが長寿命化に繋がる。以上

まとめ

1 　文の主語を明確にして、最大 60 文字程度の短い文になるように心がけましょう。最大でも 75 文字以内となるよう心がけましょう。それより長い文は、読み手にわかりやすくするため 2 つ以上に分けてください。

   参考 　3 章　3.3 文章作成のポイント（1）文をできるだけ短く　p27

   　　　　　　　　　　　　　　（2）主語を明確に　p28

2 　文の漢字とひらがなのバランスを考えましょう。そして、ひらがな表現が望ましい表記に気をつけましょう。

   参考 　3 章　3.3 文章作成のポイント（5）ひらがなが望ましい表記　p30

3 　段落の内容をわかりやすくするために、段落の最初にいいたいことを簡潔に書きましょう。そうすることで、その段落の内容が読み手に伝わりやすくなります。

   参考 　3 章　3.4 段落作成のポイント（1）トピックセンテンス　p32〜34

4 　文や段落のつなぎには、適切な接続詞を用いましょう。

   参考 　3 章　3.4 段落作成のポイント（2）接続詞の再確認　p34

　持続可能な社会の実現がわが国における全産業における重要課題として提唱されている中、コンクリート分野がおかれている現状と課題を記述し、その課題に対し、コンクリート主任技士が取り組むべきことについて、あなたの考えを述べなさい。

　この出題例に対し、600 字程度で記述した記述例と添削例を示します。

記述例

1. コンクリート分野の現状
　高度経済成長期に建設された社会資本が急速な老朽化をむかえている。維持管理や建て替えの費用は、投資可能総額を上回ると予想される。予算の制限などから、建て替えが容易でない場合も多く、長寿命化のニーズが高まっている。

2. 課題
　今後の課題を以下に列記する。
・耐久性の確保
・既存構造物及び新設構造物に対する対策

3. 取り組み
　耐久性を確保し、長寿命化を実現するためには将来の変化を見据えた計画や設計が不可欠である。既存構造物は、適切な点検・診断や補修・補強などの維持管理が重要である。損傷が深刻になる前にこまめに補修をする予防保全。併せて長寿命化修繕計画やアセットマネジメントによる計画的な取り組みも欠かせない。新設構造物は、UFCやFRPなど耐久性の高い材料を採用し、丁寧な施工・養生により、劣化因子の侵入を防ぐ。初期コストは高くなるが、LCCに着目して計画を立てることも重要となる。長寿命化の計画を立てても、構造物を取り巻く環境は、日々変化している。その都度、計画を見直し変化に柔軟に対応できるかどうかがカギとなる。以上

1. コンクリート分野の現状

　高度経済成長期に建設された社会資本が急速な老朽化をむかえている。維持管理や建て替えの費用は、投資可能総額を上回ると予想される。予算の制限などから、建て替えが容易でない場合も多く、長寿命化のニーズが高まっている。

2. ~~課題~~ **コンクリート分野の現状と課題**

　今後の課題を以下に列記する。

・耐久性の確保

・既存構造物及び新設構造物に対する対策

3. ~~取り組み~~ **取り組むべきこと**

　耐久性を確保し、長寿命化を実現するためには将来の変化を見据えた計画や設計が不可欠である。既存構造物は、適切な点検・診断や補修・補強などの維持管理が重要である。損傷が深刻になる前にこまめに補修をする予防保全。~~併せて長寿命化修繕計画やアセットマネジメントによる計画的な取り組みも欠かせない。~~ 新設構造物は、~~UFC や FRP~~ など耐久性の高い材料を採用し、丁寧な施工・養生により、~~劣化因子の侵入を防ぐ。~~ 初期コストは高くなるが、LCC に着目して計画を立てることも重要となる。長寿命化の計画を立てても、構造物を取り巻く環境は、日々変化している。その都度、計画を見直し変化に柔軟に対応~~できるかどうかがカギとなる。~~ 以上

　　　　くしていきたい。

持続可能な社会の実現に向けて、「1. はじめに」を設け、環境 3R とその中で、リデュースが最も効果があることを主張し、その後の展開につなげましょう。

出題がコンクリート分野の現状と課題ですので「2. コンクリート分野の現状と課題」とした文にしましょう。

短い文での列挙形式でなく、文としてつなげましょう。

総文字数が多い場合は、「3. 取り組むべきこと」の記述から重要でない順に削除してみましょう。

省略語は極力使わないで別の表現を工夫してください。

解答例

```
          5         10        15        20        25
1.はじめに
　持続可能な社会の実現に向けて、リサイクルやリユー
スおよびリデュースをコンクリート分野でも積極的に図
る必要がある。その中で、コンクリート分野でもリデュ
ースである建物の長寿命化が重要である。
2.コンクリート分野の現状と課題
　高度経済成長期に建設された社会資本が急速な老朽化
を迎えている。維持管理や建て替えの費用は、投資可能
総額を上回ると予想される。予算の制限などから、建て
替えが容易でない場合も多い。今後の課題として、既存
の構造物は適正な維持管理を図る必要がある。また、新
設の構造物は、超寿命化の工夫をする必要がある。
3.取り組むべきこと
　耐久性を確保し、長寿命化を実現するためには将来の
変化を見据えた計画や設計が不可欠である。既存構造物
は、適切な点検・診断や補修・補強などの維持管理が重
要である。損傷が深刻になる前にこまめに補修をする予
防保全が重要となる。また、新設構造物は、耐久性の高
い材料を採用し、丁寧な施工・養生により、劣化因子の
侵入を防ぐ。初期コストは高くなるが、LCCに着目して
計画を立てることも重要となる。長寿命化の計画を立て
ても、構造物を取り巻く環境は、日々変化している。そ
のつど、計画を見直し変化に柔軟に対応していきたい。
                                              以上
```

まとめ

1　小論文の段落の構成と、そのタイトルは重要です。問われている設問の前に、「はじめに」を設け、全体で主張すべきポイントを記述する方法もあります。そうすることにより、読み手に小論文で主張したいことが伝わりやすくなります。また、それぞれの段落のタイトルは、出題に適した表現で体言止の形式としましょう。

2　段落の内容をわかりやすくするために、段落の最初にいいたいことを簡潔に書きましょう。そうすることで、その段落の内容が読み手に伝わりやすくなります。

　　参考　3章　3.4 段落作成のポイント（1）トピックセンテンス　p32〜34

問題例 4

　「自然災害」「少子高齢化」「IT（情報技術）」「持続可能な社会の構築」の4つのテーマの中からひとつを選び、以下の項目について具体的に述べなさい。

（1）選んだテーマ（1行）

（2）選んだテーマに関して、あなたの知識および経験、あるいはどちらか一方を具体的に述べなさい。（10行〜15行）

（3）選んだテーマに関して、あなたが"コンクリート主任技士として今後どのような貢献ができるかを具体的に述べなさい。（6行〜8行）

（2017年出題）

　この行数を指定された出題例に対し、600字程度で記述した記述例と添削例および解答例を示します。

記述例

```
              5            10           15           20           25
  1.持続可能な社会の構築
  2.わが国では自然災害が多く発生しており、国土強靭化
 が急務である。一方で、多くの社会インフラが老朽化を
 迎えている。また、少子高齢化が進行し、税収の減少や
5労働者の不足が予想されている。このような状況下で既
 存の社会インフラの維持管理については多くの関心が寄
 せられており、的確な点検や診断に基づき、適切な更新
 もしくは、整理・統廃合が必要である。
    一方、コンクリート構造物を中心とした今後の社会イ
10ンフラの整備に関しては、環境負荷の低減などの観点か
 ら、産業廃棄物の抑制や再生資源の有効利用、ライフサ
 イクルコストの低減ならびに省力化を考慮する必要があ
 る。
  3.コンクリート主任技士として今後の貢献について
15  ①設計・計画段階
    コンクリート構造物の置かれる環境や使用条件に応じ
 た材料の選定や配合計画の立案やプレキャスト材の推進
    ②施工段階
    劣化因子の侵入の抑制および遮断、密実性の向上、過
20密鉄筋対策、現地に適合した養生と確実な検査の実施に
 より高品質で耐久性の高い構造物を構築する。
    設計・施工段階において、後の維持管理におけるリス
 クを減らすことで、ライフサイクルコストの低減を図り
24社会インフラの安全と長寿命化に貢献したい。
```

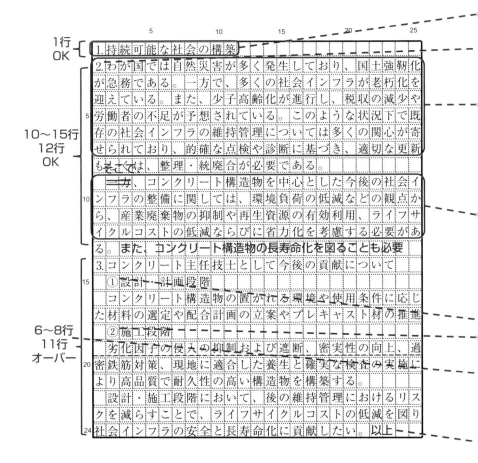

1行
OK

10〜15行
12行
OK

6〜8行
11行
オーバー

1.持続可能な社会の構築

2.わが国では自然災害が多く発生しており、国土強靭化が急務である。一方で、多くの社会インフラが老朽化を迎えている。また、少子高齢化が進行し、税収の減少や労働者の不足が予想されている。このような状況下で既存の社会インフラの維持管理については多くの関心が寄せられており、的確な点検や診断に基づき、適切な更新もそくは、整理・統廃合が必要である。

一方、コンクリート構造物を中心とした今後の社会インフラの整備に関しては、環境負荷の低減などの観点から、産業廃棄物の抑制や再生資源の有効利用、ライフサイクルコストの低減ならびに省力化を考慮する必要がある。また、コンクリート構造物の長寿命化を図ることも必要

3.コンクリート主任技士として今後の貢献について
①設計・計画段階
コンクリート構造物の置かれる環境や使用条件に応じた材料の選定や配合計画の立案やプレキャスト材の推進
②施工段階
劣化因子の侵入の抑制および遮断、密実性の向上、過密鉄筋対策、現地に適合した養生と確実な検査の実施により高品質で耐久性の高い構造物を構築する。
設計・施工段階において、後の維持管理におけるリスクを減らすことで、ライフサイクルコストの低減を図り社会インフラの安全と長寿命化に貢献したい。以上

設問項目とあわせてください。たとえば「1. テーマ：持続可能な社会の構築」

設問項目とあわせてください。たとえば「2. 選んだテーマに関する知識」

テーマに対する背景キーワードが適切でありません。持続可能な社会の構築には、「地球規模での資源の枯渇や地球の温暖化など極めて深刻な問題に直面」や「解決策として、リサイクル・リユース・リデュースを今後推進することが必要」および「その中で、リデュース（長寿命化）が最も有効」などのキーワードが必要です。そのため、コンクリート分野でも、今後は、省資源や環境負荷低減や長寿命化などの取組みが必要となります。

文の文字数が多すぎます。40 から 60 文字（最大でも 75 文字）以下になるように、2 つの文に分けてください。

改行せず、続けて記述してください。

指定行数 6 ～ 8 行を 11 行と超えてしまっています。下書き段階で概算文字数を調整した後に清書してください。

文章の最後は、「以上」で締めくくりましょう。

赤文字は、段落最初のトピックセンテンスの例です。段落の最初の文に主題や結論を簡潔に書くと、段落の内容がわかりやすくなります。

解答例

1.テーマ：持続可能な社会の構築
2.選んだテーマに関する知識
　人類は、地球資源の枯渇や地球温暖化など世界的に極めて深刻な問題に直面している。この解決策として、地球環境負荷低減し持続可能な社会の構築が求められる。具体的には、リサイクル・リユース・リデュースを推進する必要がある。その中でも、リデュースが最も有効であり、コンクリート構造物の長寿命化を図る必要がある。
　一方、コンクリート構造物を中心とした今後の社会インフラの整備に関しては、環境負荷の低減を考慮する必要がある。たとえば、産業廃棄物の抑制や再生資源の有効利用、ライフサイクルコストの低減ならびに省力化を考慮する必要もある。
3.コンクリート主任技士として今後の貢献について
　設計・計画段階から施工段階まで全体のライフサイクルコストの低減を図りたい。設計・計画時にはコンクリート構造物の置かれる環境や使用条件に応じた材料の選定や配合計画の立案やプレキャスト材を推進する。施工時には、劣化の抑制および遮断、密実性の向上、過密鉄筋対策、現地に適合した養生と確実な検査の実施により高品質で耐久性の高い構造物を構築していきたい。以上

まとめ

1 行数を指定された小論文への対応は、設問ごとの記述行数が指定
された行数の範囲内か清書前に確認することが大切です。

2 指定行数の調整には、トピックセンテンスを段落の最初に記述し、
段落の後半の文を加筆・削除しましょう。その段落の言いたいこと
は伝わります。

問題例5

　「地球の温暖化」「少子高齢化」「社会資本の老朽化」「IT（情報技術）」の4つのテーマの中からひとつを選び、以下の項目について具体的　に述べなさい。

（1）選んだテーマ（1行）

（2）選んだテーマに関する内容や課題（10行〜15行）

（3）選んだテーマに関して、あなた自身がコンクリート主任技士として、どのように取り組むべきかを述べなさい。（6行〜8行）

　この行数を指定された出題例に対し、600字程度で記述した記述例と添削例および解答例を示します。

記述例

```
         5        10       15       20       25
1.テーマ：IT（情報技術）
2.選んだテーマに関する内容や課題
   IT（情報技術）は、測量から施工、検査、維持管理や更
新まですべてのプロセスに情報技術を導入し建設産業の
生産性を向上させる取り組みである。
   施工段階に情報技術を活用して効率化と品質向上を図
る施工方法がある。代表的なものに、建設機械の三次元
位置情報などをオペレータに提供して操作を案内するマ
シンガイダンス（MG）と設計データを基に機会を自動制御
するマシンコントロール（MG）がある。その他、トータル
ステーション（TS）を使った出来形管理や締固め管理など
もある。
   情報化施工の導入が進むにあたり、情報化施工の定量
的な評価方法や技術基準類の整備が課題となっている。
3.コンクリート主任技士としての取り組みについて
   三次元データを対象とした新しい整備として、「コン
クリート工の規格の標準化」がある。これは、現場打ち、
プレキャスト製品それぞれの特性に応じ施工の効率化を
図る技術の普及により、コンクリート工全体の生産性向
上を図る取り組みである。
   これらの技術を取り入れ、コンクリート構造物の構築
にあたっては、現場条件に応じた課題に取組み、品質の
向上に努めたい。
```

115

添削例

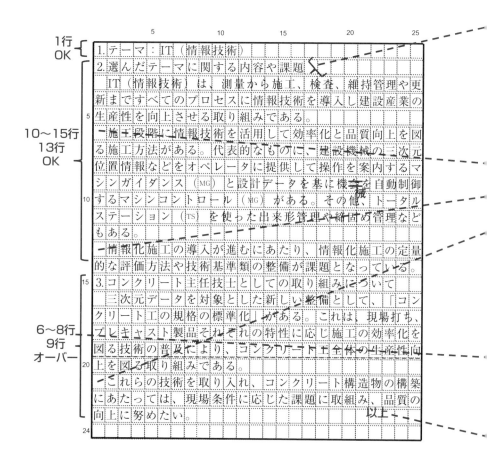

1行
OK

10〜15行
13行
OK

6〜8行
9行
オーバー

1. テーマ：IT（情報技術）
2. 選んだテーマに関する内容や課題
　　IT（情報技術）は、測量から施工、検査、維持管理や更新まですべてのプロセスに情報技術を導入し建設産業の生産性を向上させる取り組みである。
　施工段階に情報技術を活用して効率化と品質向上を図る施工方法がある。代表的なものに、建設機械の三次元位置情報などをオペレータに提供して操作を案内するマシンガイダンス（MG）と設計データを基に機器を自動制御するマシンコントロール（MG）がある。その他、トータルステーション（TS）を使った出来形管理や締固め管理などもある。
　情報化施工の導入が進むにあたり、情報化施工の定量的な評価方法や技術基準類の整備が課題となっている。
3. コンクリート主任技士としての取り組みについて
　三次元データを対象とした新しい整備として、「コンクリート工の規格の標準化」がある。これは、現場打ち、プレキャスト製品それぞれの特性に応じ施工の効率化を図る技術の普及により、コンクリート工全体の生産性向上を図る取り組みである。
　これらの技術を取り入れ、コンクリート構造物の構築にあたっては、現場条件に応じた課題に取組み、品質の向上に努めたい。　　　　　　　　　　　　以上

テーマに対する背景キーワードが不足しています。IT が今なぜ建
設業界に必要なのか、その背景を最初に記述してください。たとえ
ば、「国内の人口減少に伴う労働人口の減少や社会資本整備による
予算の削減等により、資本の量、質、設置場所を考える時期に来て
いる。その中で、建設業界の人材的資源の確保を目的に IT 化、ロ
ボット化を推進することは重要である」のにように

改行せず、続けて記述してください。

指定行数 6 ～ 8 行を 11 行と超えてしまっています。下書き段階
で概算文字数を調整した後に清書してください。

文章の最後は、「以上」で締めくくりましょう。

赤文字は、段落最初のトピックセンテンスの例です。段落の最初の文に主題や結論を簡潔に書くと、段落の内容がわかりやすくなります。

解答例

1.テーマ：IT（情報技術）
2.選んだテーマに関する内容や課題
　国内の人口減少に伴う労働人口の減少や社会資本整備による予算の削減等により、資本の量、質、設置場所を考える時期に来ている。その中で、建設業界の人材的資源の確保を目的にIT化、ロボット化にすることは重要である。ITは、測量から施工、検査、維持管理や更新まですべてのプロセスに情報技術を導入し建設産業の生産性を向上させる取り組みである。施工段階に活用した例として、建設機械の三次元位置情報などを提供して操作を案内するマシンガイダンスがある。また、設計データを機械を自動制御するマシンコントロールなどがある。情報化施工の導入が進むにあたり、情報化施工の定量的な評価方法や技術基準類の整備が課題となっている。
3.コンクリート主任技士としての取り組みについて
　IT（情報化技術）は、生産性と品質の向上に繋がり今後は積極的に取り入れたい。三次元データを対象とした新しい整備として「コンクリート工の規格の標準化」がある。これは、現場打ちとプレキャスト製品それぞれの特性に応じ施工の効率化を図る技術である。これらの技術を活用できるように自己研鑽に努めたい。以上

まとめ

1　行数を指定された小論文への対応は、設問ごとの記述行数が指定された行数の範囲内か清書前に確認することが大切です。

2　指定行数の調整には、トピックセンテンスを段落の最初に記述し、段落の後半の文を加筆・削除しましょう。その段落の言いたいことは伝わります。

6.3 コンクリート診断士試験の記述と添削例

問題例1

　写真は、北陸地方の海岸に面した場所に建設され、約20年を経過した建物に生じた変状である。この建物の維持管理に関する以下の設問に1000字以内で答えよ。

　なお、建物の構造形式は鉄骨鉄筋コンクリート構造で、コンクリート表面に直接リシン吹付け仕上げを行っている。また、地震による変状はないものとする。 （2002年出題 B-1）

記述例

```
1.変状の3つの原因と推定根拠
　まず、変状の原因としてアルカリ骨材反応が考えられ、その理由は、写真の構造物は柱に亀甲状のひび割れと帯筋に沿うようなひび割れが生じ、梁でも亀甲状のひび割れであるが材軸方向が顕著である。次に、塩害が考えられ、その理由は、海岸に面した場所に建設され厳しい塩害環境であるからである。最後に、凍害が考えられ、その理由は、建設地が北陸地方で建物全景の写真にも雪が見られるためである。
2.変状の原因なもの1つと詳細調査
　主要な変状の原因は、アルカリ骨材反応（以下、ASRと称す）と考えられ、その理由は、建物の構造形式がSRCであるため、RC造に比べ柱帯筋や梁あばら筋の量が少なく拘束力が小さい。そのため、柱に亀甲状のひび割れと帯筋に沿うようなひび割れが生じ、梁でも亀甲状のひび割れであるが材軸方向に顕著である。調査項目は、まず、ゲルの滲出やひび割れ状況を確認する。そして、骨材の岩種や反応性鉱物の分析やコア採取による残存膨張量測定を実施する。又、必要に応じて、現地での膨張量測定や変位量を計測することも考えられる。
```

3.劣化程度の推定および補修方法
　劣化程度は、加速期と考えられ建物の写真より、ひび割れ箇所からのゲルの滲出などは顕著ではないが、ひび割れの程度や本数は多い。又、かぶりコンクリートの剥落や鉄筋の露出は特に見られない状況からである。この変状の補修は、外部からの水分供給や塩化物の浸透を断ちコンクリート内部の含水率を低くする工法が必要である。補修工法として、建物の外側のひび割れ補修や表面被覆や表面含浸処理を行う方法などがある。以上

1. 変状の3つの原因と推定根拠
　まず、変状の原因としてアルカリ骨材反応が考えられ、その理由は、写真の構造物は柱に亀甲状のひび割れと帯筋に沿うようなひび割れが生じ、梁でも亀甲状のひび割れであるが材軸方向が顕著である。次に、塩害が考えられ、その理由は、海岸に面した場所に建設され厳しい塩害環境であるからである。最後に、凍害が考えられ、その理由は、建設地が北陸地方で建物全景の写真にも雪が見られるためである。

2. 変状の原因なもの1つと詳細調査
　主要な変状の原因は、アルカリ骨材反応（以下、ASRと称す）と考えられ、その理由は、建物の構造形式がSRCであるため、RC造に比べ柱帯筋や梁あばら筋の量が少なく拘束力が小さい。そのため、柱に亀甲状のひび割れと帯筋に沿うようなひび割れが生じ、梁でも亀甲状のひび割れであるが材軸方向に顕著である。調査項目は、まず、ゲルの滲出やひび割れ状況を確認する。そして、骨材の岩種や反応性鉱物の分析やコア採取による残存膨張量測定を実施する。また必要に応じて、現地での膨張量測定や変位量を計測することも考えられる。

段落の最初の文は、段落の内容を示すトピックセンテンスを用いましょう。

たとえば、「変状の 3 つの原因は、アルカリ骨材反応と塩害および凍害と考える。」
のように内容を示す文です。

文の文字数が多すぎます。60 文字程度以下になるように、2つの文に分けてください。

たとえば、「主要な変状の原因は、アルカリ骨材反応（以下、ASRと称す）と考える。その理由は、建物の構造形式がSRCであるため、RC 造に比べ柱帯筋や梁あばら筋の量が少なく拘束力が小さい。」
のように 2 つの文に分ける。

ひらがな表記が望ましいです。

3.劣化程度の推定および補修方法

　劣化程度は、加速期と考えられ建物の写真より、ひび割れ箇所からのゲルの滲出などは顕著ではないが、ひび割れの程度や本数は多い。また、かぶりコンクリートの剥落や鉄筋の露出は特に見られない状況からである。この変状の補修は、外部からの水分供給や塩化物の浸透を断ちコンクリート内部の含水率を低くする工法が必要である。補修工法として、建物の外側のひび割れ補修や表面被覆や表面含浸処理を行う方法などがある。以上

段落の最初の文は、段落の内容を示すトピックセンテンスを用いましょう。

たとえば、「劣化程度は、加速期と考える。」のように内容を示す文です。

ひらがな表記が望ましいです。

総文字数は、決められた文字数の 80%以上が必要です。

たとえば、「1000 文字以内で記述せよ」とあれば、800 文字以上は必要です。

再検討してみます。キーワードの列挙すると

1　変状の3つの原因と推定根拠
　3つの原因：アルカリ骨材反応、塩害、凍害
　　　アルカリ骨材反応
　　　　　柱に亀甲状のひび割れと帯筋に沿うようなひび割れ
　　　　　梁に亀甲状のひび割れ、材軸方向に卓越
　　　塩害
　　　　　海岸に建設
　　　凍害
　　　　　建設地が北陸地方、建物全景の写真に雪
2　変状の原因なもの1つと詳細調査の主要項目について
　主要な変状：ASR
　建物の構造形式がSRC造
　　　　RC造に比べ柱帯筋や梁あばら筋の量が少なく拘束力が小
　　　　　柱：亀甲状のひび割れと帯筋に沿うようなひび割れ
　　　　　梁：材軸方向に卓越
　　　骨材の岩種や反応性鉱物の分析
　　　コア採取　残存膨張量試験
3　劣化程度の推定および補修方法について
　劣化程度は加速期
　　　ひび割れ箇所からのゲルの滲出などは顕著ではない
　　　ひび割れの程度や本数は多い
　　　かぶりコンクリートの剥落や鉄筋の露出なし
　補修方針
　　　コンクリート内部の含水率を低くする工法
　　　外部からの水分供給や塩化物の浸透を断つ
　補修工法
　　　建物の外側のひび割れ補修
　　　表面被覆や表面含浸処理

赤文字は、段落最初のトピッセンテンスの例です。段落の最初の文に主題や結論を簡潔に書くと、段落の内容がわかりやすくなります。

		5				10				15				20				25	

1. 変状の3つの原因と推定根拠
　　変状の3つの原因は、アルカリ骨材反応と塩害および
凍害と考える。まず、アルカリ骨材反応と考える理由は、
写真の構造物は、柱に亀甲状のひび割れと帯筋に沿うよ
うなひび割れが生じ、梁でも亀甲状のひび割れであるが
材軸方向が顕著である。次に、塩害と考える理由は、海
岸に面した場所に建設され厳しい塩害環境であるからで
ある。最後に、凍害と考える理由は、建設地が北陸地方
で建物全景の写真にも雪が見られるためである。
2. 変状の原因なもの1つと詳細調査の主要項目について
　　主要な変状の原因は、アルカリ骨材反応（以下、ASR
と称す）と考える。その理由は、建物の構造形式がSRC
であるため、RC造に比べ柱帯筋や梁あばら筋の量が少な
く拘束力が小さい。そのため、柱に亀甲状のひび割れと
帯筋に沿うようなひび割れが生じ、梁でも亀甲状のひび
割れであるが材軸方向が顕著である。ASRによる被害と
想定すれば、写真のひび割れ状況は理解できる。調査項
目は、まず、ゲルの滲出やひび割れ状況を確認する。そ
して、骨材の岩種や反応性鉱物の分析やコア採取による
残存膨張量測定を実施する。また、必要に応じて、現地

128

での膨張量測定や変位量を計測することも考えられる。
3.劣化程度の推定および補修方法について

　　劣化程度は、加速期と考える。その理由として、建物の写真より、ひび割れ箇所からのゲルの滲出などは少ないが、ひび割れの程度や本数は多い。また、かぶりコンクリートの剥落や鉄筋の露出は特に見られない状況からである。

　　この変状の補修は、外部からの水分供給や塩化物の浸透を断ちコンクリート内部の含水率を低くする工法が必要である。耐荷力や変形性能の低下が懸念されない場合は、補修工法として、建物の外側のひび割れ補修や亜硝酸リチウム溶液により表面被覆や表面含浸処理を行う方法などがある。耐荷力や変形性能の低下が懸念される場合は、拘束効果も期待できるような補強を提案する。

以上

問題例2

「温暖な内陸部にある PC 単純プレテンションホロー桁橋に、写真1～写真5に示す変状が認められた。この橋梁の側断面を図1に、断面図を図2に、諸元を表1にそれぞれ示す。

[問1]　桁コンクリートの変状の原因およびその原因を推定した理由を述べなさい。

[問2]　問1を踏まえて、この橋梁を今後50年間供用するために必要な調査項目と対策について述べなさい。（2018年出題）

記述例

```
                5        10        15        20        25
   1. 変状の原因およびその原因を推定した理由
      変状の原因は、アルカリシリカ反応による劣化が有力
   と推定される。その理由は、次の通り。本橋の置かれて
   いる環境は、温暖な内陸部であり凍害や塩害による影響
 5 は考えにくい。交通荷重による疲労劣化も原因の一つと
   して考えられるが、桁下面のひび割れが橋軸方向に卓越
   していることから除外される。
      写真②桁下面の状況及び写真③の剥離箇所は状況から
   膨張性によるものであり、反応輪が観測されている。写
10 真④の橋軸方向のひび割れは、ASR特有のひび割れパ
   ターンである。写真⑤桁部材間の継ぎ目の白い析出物は
   反応性骨材が吸水膨張したアリカリシリカゲルと推定さ
   れる。
      完成年が1975年であり、1982年アルカリ総量規制等の
15 対策が実施される以前の構造物でもあることも一つの理
   由である。
      写真①路面のひび割れから雨水が侵入し、防水層が無
   いため、アルカリシリカ反応が進行したと推定される。
   特に、水勾配の低い方で進行したと推定される。
20
```

2. 今後50年間共用するために必要な調査項目と対策

　今後この構造物を50年間供用することを考えるため、現状の劣化の状態を把握したうえで劣化の進行を予測しなければならない。調査は、劣化の原因を特定するための項目と補修・補強方法を検討するための項目がある。

　原因を特定するための調査は、コア採取しアルカリシリカ反応を確認するため、偏光顕微鏡によるアリカリシリカゲルの観察、ヤング係数の測定を行う。

　アリカリシリカ反応の今後の膨張の可能性を確認するために、残存膨張量試験（JCI-DD2法）を行い、対策の検討に役立てる。PC鋼材の腐食状況について確認する。鋼材の腐食状況は、自然電位法を用い、対策の検討に役立てる。

（対策）

　アルカリシリカ反応による膨張は、吸水による影響が大きいため、防水層を設けて雨水の浸入を遮断する。強度低下や鋼材の腐食状況によっては、上面増厚コンクリートもしくは下面増厚コンクリートによる補強を行い、床版の耐久性を向上させる対策が必要と考える。

1. 変状の原因およびその原因を推定した理由
　変状の原因は、アルカリシリカ反応による劣化が有力
と推定される。その理由は、次の通り。本橋の置かれて
いる環境は、温暖な内陸部であり凍害や塩害による影響
は考えにくい。通荷重による疲労劣化も原因の一つと
して考えられるが、桁下面のひび割れが橋軸方向に卓越
しており、される。
　写真②桁下面の状況及び写真③の剥離箇所は状況から
膨張性によるものであり、反応輪が観測されている。
真④の橋軸方向のひび割れは、ASR特有のひび割れパ
ターンである。写真⑤桁部材間の継ぎ目の白い析出物は
反応性骨材が吸水膨張したアリカリシリカゲルと推定さ
れる。
　完成年が1975年であり、1982年アルカリ総量規制等の
対策が実施される以前の構造物でもあることも一つの理
由である。
　写真①路面のひび割れから雨水が侵入し、防水層が無
いため、アルカリシリカ反応が進行したと推定される。
特に、水勾配の低い方で進行したと推定される。

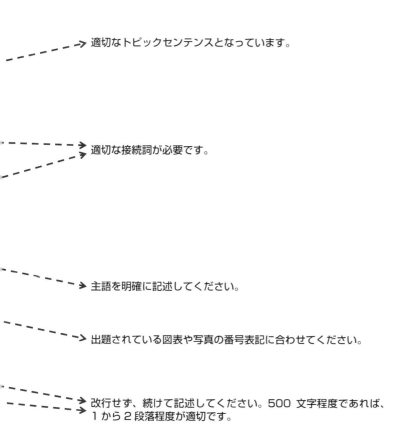

適切なトピックセンテンスとなっています。

適切な接続詞が必要です。

主語を明確に記述してください。

出題されている図表や写真の番号表記に合わせてください。

改行せず、続けて記述してください。500 文字程度であれば、
1 から 2 段落程度が適切です。

2. 今後50年間共用するために必要な調査項目と対策

　今後この構造物を50年間供用することを考えるため、現状の劣化の状態を把握したうえで劣化の進行を予測しなければならない。調査は、劣化の原因を特定するための項目と補修・補強方法を検討するための項目がある。

　原因を特定するための調査は、コア採取しアルカリシリカ反応を確認するため、偏光顕微鏡によるアリカリシリカゲルの観察、静弾性係数の測定を行う。

　アルカリシリカ反応の今後の膨張の可能性を確認するために、残存膨張量試験（JCI-DD2法）を行い、対策の検討に役立てる。PC鋼材の腐食状況について確認する。鋼材の腐食状況は、自然電位法を用い、対策の検討に役立てる。

（対策）

　アルカリシリカ反応による膨張は、吸水による影響が大きいため、防水層を設けて雨水の浸入を遮断する。また、強度低下や鋼材の腐食状況によっては、上面増厚コンクリートもしくは下面増厚コンクリートによる補強を行い、床版の耐久性を向上させる対策が必要と考える。以上

改行せず、続けて記述してください。

改行して、主語を明確に続けて記述してください。500 文字程度
であれば、1 から 2 段落程度が適切です。

適切な接続詞が必要です。

文章の最後は、「以上」で締めくくりましょう。

赤文字は、段落最初のトピックセンテンスの例です。段落の最初の文に主題や結論を簡潔に書くと、段落の内容がわかりやすくなります。

解答例

5	10	15	20	25	

1. 変状の原因およびその原因を推定した理由
　変状の原因は、アルカリシリカ反応（以下、ASRと称す）による劣化が有力と推定される。その理由として、本橋の置かれている環境は、温暖な内陸部であり凍害や塩害による影響は考えにくい。また、交通荷重による疲労劣化も原因の一つとして考えられるが、桁下面のひび割れが橋軸方向に卓越していることから除外される。
　ASRと推定する理由は、桁下面の橋軸方向に生じるひび割れは一般的に膨張性のひび割れであり、剥離箇所の骨材周辺の反応リムからである。また、橋軸直角方向のひび割れが見られないことから、疲労による劣化の影響は少ないと考える。併せて、ASRを裏付けるように、写真5の継ぎ目周辺の漏水が多い箇所に白い析出物とひび割れが多い。これは反応性骨材が吸水膨張したアルカリシリカゲルと推定される。本橋の完成年が1975年であり、1982年アルカリ総量規制等の対策が実施される以前の構造物でもあることも一つの理由である。写真①路面のひび割れから雨水が侵入し、防水層が無いため、ASRが進行したと推定される。特に、水勾配の低い方で進行したと推定される。

2.今後50年間共用するために必要な調査項目と対策
　今後この構造物を50年間供用することを考えるため、現状の劣化の状態を把握したうえで劣化の進行を予測しなければならない。調査項目には、劣化の原因を特定するための項目と補修・補強方法を検討するための項目がある。原因を特定するための調査は、コア採取しASRを確認するため、偏光顕微鏡によるアリカリシリカゲルの観察、静弾性係数の測定を行う。また、補修・補強方法を検討する調査として、ASR反応の今後の膨張の可能性を確認するため残存膨張量試験（JCI-DD2法）を実施する。また、鋼材やPCの腐食状況は、自然電位法により確認する。併せて、交通量の調査を実施し共用状況を把握して、今後の対策の検討に役立てる。
　　対策として、ASRによる膨張と鋼材の腐食を予防するため亜硝酸リチウムを圧入する。その後に防水層を設けて雨水の浸入を遮断する。また、強度低下や鋼材の腐食状況によっては、上面増厚コンクリートもしくは下面増厚コンクリートによる補強を行い、床版の耐久性を向上させる対策が必要と考える。　　　　　　　　　　以上

巻末の活用シート

1.4 倍に拡大してA4 サイズにして活用してください。

在職期間	勤務先名	所属・役職	職 務 内 容 技術的課題や環境問題への対応などの内容	現時点での評価
年 月～ 年 月				
年 月～ 年 月				
年 月～ 年 月				
年 月～ 年 月				
年 月～ 年 月				
年 月～ 年 月				
年 月～ 年 月				
年 月～ 年 月				
年 月～ 年 月				

原稿用紙（600 文字用）

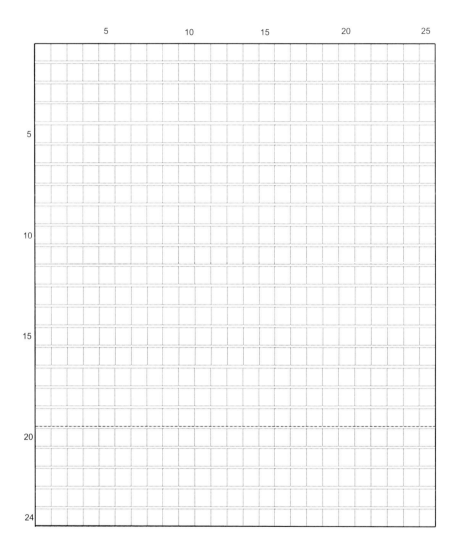

原稿用紙（1000 文字用）（1/2）

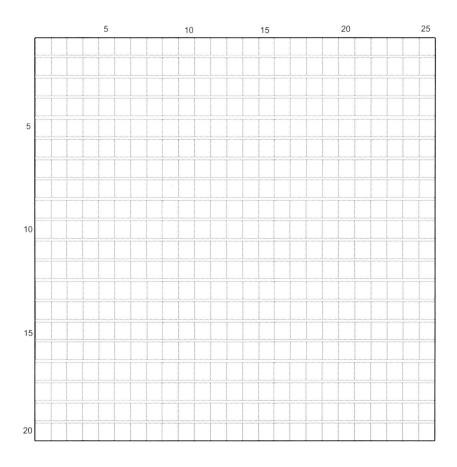

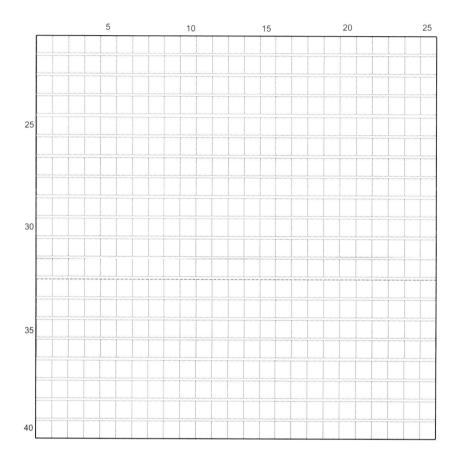

専門用語のキーワード	
概要（一言で表現）	
特徴・メカニズム	
対策・留意点	
他の関連する専門用語	
関連する背景キーワード	
自分の業務との関連性（地域性を含む）	

専門用語のキーワード	
概要（一言で表現）	
特徴・メカニズム	
対策・留意点	
他の関連する専門用語	
関連する背景キーワード	
自分の業務との関連性（地域性を含む）	

背景用語のキーワード	
テーマの現状・傾向	
今後の視点	
行政の取組・動向・対策	
他の関連する背景用語	
関連する専門用語	
自分の地域や業務との関連性（地域性含む）	

背景用語のキーワード	
テーマの現状・傾向	
今後の視点	
行政の取組・動向・対策	
他の関連する背景用語	
関連する専門用語	
自分の地域や業務との関連性（地域性含む）	

専門用語のキーワード	
概要（一言で表現）	
特徴・メカニズム・原理	
調査方法	
対策・留意点	
補修・補強方法	
関連する専門用語	

専門用語のキーワード	
概要（一言で表現）	
特徴・メカニズム・原理	
調査方法	
対策・留意点	
補修・補強方法	
関連する専門用語	

採 点 表		氏 名：	
確 認 項 目	採点	自己採点	他人採点
技術内容はさておき、文章の内容はわかりやすいですか？	5		
目標文字数内ですか？（目標文字数の 80％以上）	5		
キーワード・キーセンテスを適切に抽出していますか？	8		
文の長さは適切ですか？（40〜60 文字以内が目安）	7		
各段落の書き出しは、1 段下げていますか？	5		
各段落の最初の文にトピックセンテンスがありますか？	5		
誤字脱字等がありませんか？	3		
漢字・かなの比は適切ですか？	3		
数値や英小文字は、1 マス 2 文字になっていますか？	3		
接続詞、格助詞の使い方は適切ですか？	3		
文章の最後に「以上」がありますか？	3		
合計	50		

採 点 表		氏 名：	
確 認 項 目	採点	自己採点	他人採点
技術内容はさておき、文章の内容はわかりやすいですか？	5		
目標文字数内ですか？（目標文字数の 80％以上）	5		
キーワード・キーセンテスを適切に抽出していますか？	8		
文の長さは適切ですか？（40〜60 文字以内が目安）	7		
各段落の書き出しは、1 段下げていますか？	5		
各段落の最初の文にトピックセンテンスがありますか？	5		
誤字脱字等がありませんか？	3		
漢字・かなの比は適切ですか？	3		
数値や英小文字は、1 マス 2 文字になっていますか？	3		
接続詞、格助詞の使い方は適切ですか？	3		
文章の最後に「以上」がありますか？	3		
合計	50		

添削のご案内

　きずな開発研究所（代表　京牟禮実）では、購入者特典として、添削を希望の方を対象に、有償（2,000円/回　税別）で添削いたします。ただし、E-mail のみの対応となります（TEL/FAX による受付はいたしておりません）。

お申込みの流れ

① 下記の E-mail アドレス宛に、「添削希望」とご記入のうえご連絡ください。

　　きずな開発研究所　kkktensaku@yahoo.co.jp

② 当研究所より、承諾の返事と振込先の口座を連絡いたします。

③ 添削料をお振込みください。

④ E-mail にて課題文（添削希望者自身が過去の出題等から考えた課題テーマ）と原稿をお送りください。

　　お送りくださる課題文と原稿は、スキャナーで読み取り、PDF やJPEG 形式でメールに添付してお送りください。また、直接ワード形式でお送りいただいてもかまいません。

⑤ 添削料の振込みと課題文および原稿の受信が確認できましたら添削し、添削結果をお送りいたします。

なお、添削希望者と添削者（きずな開発研究所）との間で生じたいかなる問題等に関しましても、㈱井上書院は対応することができませんので、あらかじめご了承ください。

著者略歴

京牟禮　実　(きょうむれ みのる)

1961年	宮崎県生まれ
現職	きずな開発研究所・代表
	九州女子大学 非常勤講師
元	沖縄職業能力開発大学校 教授
資格	一級建築士、一級建築施工管理技士、コンクリート主任技士、
	コンクリート診断士
著書	模型で学ぶ建築構法入門 在来木造編（共著）（井上書院）
	模型で学ぶ建築構法入門 ツーバイフォー編（共著）（井上書院）
	模型で学ぶ鉄骨構造入門（共著）（集文社）
	ブロック材料及びブロック施工法（共著）（職業能力開発総合大学校基盤整備
	センター）

コンクリート系の民間企業において10年間、製造・建築設計・技術開発の業務に従事する。その後、職業能力開発施設にて22年間勤務し、鉄筋コンクリート構造の材料・施工系の授業を担当する。その間に、他大学や企業との共同研究による技術開発を実施し、地球環境の保全と経済性の両立する製品・工法の開発研究を産学により進める。2017年4月に独立し、これまで開発研究してきた製品・工法の普及を図っている。

コンクリート主任技士/コンクリート診断士試験
キーワードを活用した

小論文のつくり方 [改訂版]

2017 年 6 月 20 日　　第 1 版第 1 刷発行
2020 年 5 月 10 日　　改訂版第 1 刷発行

著者　　京牟禮　実©

発行者　　石川泰章

発行所　　株式会社 井上書院
　　　　　東京都文京区湯島 2-17-15 斉藤ビル
　　　　　電話 (03)5689-5481　FAX (03)5689-5483
　　　　　https://www.inoueshoin.co.jp/
　　　　　振替 00110-2-100535

装幀　　藤本 宿
印刷所　　秋元印刷所

ISBN978-4-7530-2165-9　C3052　　　　Printed in Japan

最新 建築材料学

学生から実務者まで役立つよう，建築材料の基本的な性質・性能はもちろんのこと，建物としての要求条件の把握と，これを満たす適正な材料の選び方に関する理解が深まるよう，建築設計，構造設計，環境設備設計，施工の各分野に関連づけて平易に解説。

松井勇・出村克宣・
湯浅昇・中田善久
B5・274 頁
本体 3000 円

ポイントで学ぶ 鉄筋コンクリート工事の基本と施工管理

従来からの工事・工種ごとの詳細な解説をはなれ，初学者が建築施工に対するイメージが容易に形成できるよう，施工全体の概要を理解するうえで必要な要点を絞るとともに，重要な知識をコンパクトにまとめた「Point」欄を中心にわかりやすく解説する。

中田善久・斉藤丈士・大塚秀三
B5・206 頁
本体 2700 円

コンクリートの打込み・締固めの基本

コンクリート本来の性能である耐久性を確保するための技術や基礎知識はもちろんのこと，工事着手前の手続きなど建設業の仕事として必要な業務一般，打込み・締固めの計画から準備，終了後の作業といった前後の業務との連携の重要性等について解説。

十河茂幸監修
B5・154 頁
本体 2700 円

マンガで学ぶ コンクリートの品質・施工管理 ［改訂 2 版］

コンクリート工事の基礎知識が身につくよう，鉄筋コンクリート造の建設現場を例に，工事の進捗に応じてマンガ形式でまとめ，ポイントとなる事項についても解説する。改定 JASS5 等に対応のうえ，巻末には調合の計算例や施工管理項目一覧を収録。

コンクリートを考える会
B5・156 頁
本体 2900 円

建築携帯ブック コンクリート ［改訂 3 版］

改定 JASS5 に準拠した，設計者，現場管理者，専門工事業者必携のコンクリートハンドブック。材料・強度，基本計画，調合計画・試し練り，打設（打込み）計画・管理，仕上げ・養生，試験・検査まで，品質の良い躯体をつくり上げる 254 の重要項目を解説する。

現場施工応援する会編
B6変・148 頁・カラー
本体 2100 円

建築携帯ブック 配筋 ［改訂 2 版］

改定 JASS5 と公共建築工事標準仕様書に準拠した，現場管理者必携の配筋ハンドブック。柱，梁，壁，スラブ，基礎，杭，開口部，階段，パラペットなど施工部位別に配筋のポイントを徹底図解し，特に間違えやすい箇所が一目でわかるよう配慮した。

現場施工応援する会編
B6変・112 頁・二色刷
本体 1700 円

＊上記の本体価格に，別途消費税が加算されます。